可加工陶瓷加工技术及应用

马廉洁　巩亚东　于爱兵　王雷震　著

科学出版社

北　京

内 容 简 介

本书在总结可加工陶瓷材料加工特性的基础上,较全面地介绍了近年来国内外新发展的有关可加工陶瓷的加工技术及其评价的基本原理和关键技术。全书共7章,主要内容包括:可加工陶瓷切削过程的材料去除,可加工陶瓷切削过程的刀具磨损,可加工陶瓷磨削表面成形机理及材料去除过程,可加工陶瓷快速点磨削表面粗糙度,低膨胀微晶玻璃点磨削表面硬度,可加工陶瓷点磨削表面质量建模与优化。

本书可供机械制造、无机非金属材料专业的本科生、研究生以及从事相关专业研究的工程技术人员阅读。

图书在版编目(CIP)数据

可加工陶瓷加工技术及应用/马廉洁等著. —北京:科学出版社,2017.3
ISBN 978-7-03-051877-4

Ⅰ.①可… Ⅱ.①马… Ⅲ.①陶瓷-生产工艺 Ⅳ.①TQ174.6

中国版本图书馆 CIP 数据核字(2017)第 035554 号

责任编辑:陈 婕 纪四稳/责任校对:郭瑞芝
责任印制:张 伟/封面设计:陈 敬

科 学 出 版 社 出版
北京东黄城根北街 16 号
邮政编码:100717
http://www.sciencep.com
北京厚诚则铭印刷科技有限公司 印刷
科学出版社发行 各地新华书店经销
*
2017 年 3 月第 一 版 开本:720×1000 B5
2019 年 4 月第四次印刷 印张:10
字数:210 000
定价:80.00 元
(如有印装质量问题,我社负责调换)

前　言

可加工陶瓷切削过程具有如下特点:其一,形成粉末状切屑,前刀面受力很小,微观断裂的随机性较大,与金属的带状切屑不同;其二,弹性变形、塑性变形阶段极其微弱,几乎可以忽略,具有显著的脆性断裂特征;其三,切削变形区划分界限不够明显,能量耗散较为集中。

近年来,作者及其所在项目组主要成员对可加工陶瓷切削技术不断深入研究,初步构建了可加工陶瓷切削理论的基本框架,建立了表面粗糙度模型、表面硬度模型,提出了材料可加工性评价方法,开展了材料的微观断裂、材料去除、刀具磨损等系列化研究,应用动力学、断裂力学、运动学等理论,在理论建模、数值拟合、微观机理分析等方面取得了系列成果。

但是,可加工陶瓷加工技术还处于基础研究阶段,与之有关的切削变形区模型、成屑机理、加工表面成形机理、能量耗散机理、刀具-工件系统的动力学模型等基础研究,都有待深入展开。

因此,对可加工陶瓷现阶段的研究成果进行总结,为后续研究人员提供基本的实验结果、理论依据、研究思路是很有必要的。

本书共7章,第1章为绪论,第2章介绍可加工陶瓷切削过程中的材料去除,第3章介绍可加工陶瓷切削过程中的刀具磨损,第4章介绍可加工陶瓷磨削表面成形机理及材料去除过程,第5章介绍可加工陶瓷快速点磨削过程中的表面粗糙度,第6章介绍低膨胀微晶玻璃点磨削表面硬度,第7章介绍可加工陶瓷点磨削表面质量建模与优化。

限于作者水平,书中难免存在不足,敬请读者批评指正。

作　者
2016 年 9 月

目　　录

第1章 绪 论

1.1 可加工陶瓷

先进陶瓷是随着材料科学的发展,在人们对材料结构和性能之间的关系有了进一步深刻认识之后,通过控制材料化学成分和微观结构(组织)而人工合成的一类材料[1,2]。随着新技术的发展、各种增韧补强措施的涌现、原料粒度不断细化以及制备工艺的不断进步,工程陶瓷材料性能日益提高,成为一种新型材料,日益受到重视。工程陶瓷可分为结构陶瓷和功能陶瓷两大类[3,4]。陶瓷材料自身的化学键性能决定了其在常温下有很高的硬度和很大的脆性[5,6]。这种脆硬特性导致其存在难加工、加工损伤大等问题。此外,陶瓷材料良好的耐磨性、耐腐蚀性、电绝缘性也给某些特种加工带来了困难。但是将陶瓷作为结构材料,特别是作为机械零件相互配合使用时,仍然需要对其进行加工。

陶瓷材料是典型的硬脆难加工材料,其加工难度较大、加工成本较高,而普通机械加工会导致其材料强度下降,从而限制其应用。因此,高效、精密、低成本的机械加工技术将促进陶瓷材料在各领域的广泛应用。

可加工陶瓷是一种备受瞩目的新型材料,目前正成为竞相研发的热点。在通常条件下,运用普通的机械加工装备、工艺流程,按照确定的精度要求,不损失材料原有的机械强度而加工出成品零件,具有这种性质的陶瓷材料称为可加工陶瓷[7]。这种可加工陶瓷具有优良的化学稳定性、抗热冲击性、力学性能、电性能和耐腐蚀性能等,且不老化、不变形,其最突出的特性是可以进行切削加工[8-10]。因此,可加工陶瓷特别适合用于军工、航空航天、精密仪器、医疗设备、汽车和核工程等领域[11]。然而,可加工陶瓷与金属材料相比较,具有在切削加工中刀具磨损快、使用寿命低、工件表面加工质量较差、加工效率低[12]等缺点。

因此,开展可加工陶瓷材料不同加工工艺下的材料去除率、刀具磨损、加工面质量、刀具受力、刀具温度以及表面硬度的研究,寻求高效、低成本、高质量的加工技术与方案,是可加工陶瓷材料在工程应用中亟须解决的现实课题之一。

1.2 可加工陶瓷的应用与分类

1.2.1 可加工陶瓷的应用

通过近四十年的努力,人们对可加工陶瓷的制备过程、内部构造和可加工机制有了一定的认识[11]。国内外陶瓷工作者通过显微结构设计等方法来改善陶瓷材料的可加工性,取得了一定的进展,使得采用传统金属切削刀具来加工陶瓷成为可能,从而为根本上解决陶瓷的难加工问题提供了新途径[5,13,14]。

可加工陶瓷材料的共同特点在于,通过控制和调整陶瓷的显微结构及晶界应力,在陶瓷基体中引入层状、片状或孔形结构等特殊的显微结构,使陶瓷内部产生弱结合面,实现陶瓷材料的可加工性。目前广泛应用的机理为"桥联"效应,因相互交错的晶粒或第二相粒子的拔出效应阻碍了裂纹的进一步扩展,所以材料的韧性是裂纹尺寸的增函数,即 T 曲线特性或 R 曲线特性。增强桥联效应的重要因素在于,控制微结构量级的弱界面,使主裂纹偏转并生成有效的相互交错结构,激发 R 曲线[8,15,16]。

可加工陶瓷由于其独特的优良性能且可被加工成结构复杂的零部件,在航空航天、军工、核能、生物医学、机械、电子等领域具有广阔的应用前景。通过改善陶瓷材料的可加工性,逐步实现以传统金属切削刀具加工陶瓷,为解决陶瓷难加工问题提供了新途径。

1.2.2　可加工陶瓷的分类

1. 按照材料成分不同分类

按照材料成分的不同,可加工陶瓷可分为三大类:可加工玻璃陶瓷、可加工氧化物陶瓷、可加工非氧化物陶瓷。

(1) 可加工玻璃陶瓷。玻璃陶瓷是研制最早的、目前应用最广泛的可加工陶瓷材料。可加工玻璃陶瓷的成分组成通常为 R_2O-MgO-Al_2O_3-SiO_2-F 体系,其中 R 表示碱金属。常见的云母相结构有氟金云母、锂云母和四硅酸氟金云母,其中以氟金云母最为常见。云母玻璃陶瓷的主要制备方法有烧结法、熔融法和 sol-gel 法,其中熔融法是常用的制备方法之一。

(2) 可加工氧化物陶瓷。在氧化物陶瓷材料如 Al_2O_3、ZrO_2、$3Al_2O_3 \cdot 2SiO_2$ 中添加稀土磷酸盐,如 $LaPO_4$、$CePO_4$,形成稀土氧化物可加工陶瓷材料。稀土磷酸盐本身具有良好的可加工性,且与氧化物陶瓷具有良好的化学相容性,并可形成氧化物与磷酸盐晶粒之间的弱界面。弱界面处微裂纹的形成与连接是稀土氧化物复合陶瓷材料具有可加工性的主要因素[16]。

(3) 可加工非氧化物陶瓷。通过原位法制备的含钇铝石榴石(YAG)的复相 YAG/SiC 陶瓷,其剪裁的显微结构包含长晶粒、弱界面和因热膨胀失配引起的高内应力。其中,钇铝石榴石分子式为 $Y_3Al_5O_{12}$,属立方晶系,是目前所知的抗蠕变性能最好的氧化物材料。由于 SiC/C 体系的层状复合陶瓷的界面层对裂纹的钝化与偏转,其断裂韧性与基体材料相比发生了很大变化[17]。

2. 按照陶瓷材料显微结构特点不同分类

按照陶瓷材料显微结构特点的不同,可加工陶瓷分为五大类:层片状可加工陶瓷、多孔可加工陶瓷、内应力可加工陶瓷、软硬相可加工陶瓷、纳米可加工陶瓷。

(1) 层片状可加工陶瓷。适当选择材料配比和热处理工艺,使晶粒长大成柱状或针状等且具有大长径比的特征,可使陶瓷形成层状或片状的微观结构。在层与层之间、片与片之间存在着弱界面,有利于微裂纹形成、捕捉、扩展,同时抑制了长裂纹的形成与延伸,从而提高了陶瓷的强度及韧性[18],使材料易于去除,保证了材料的可加工性。如云母玻璃陶瓷、h-BN、石墨—h-BN、AlN/BN、Si_3N_4/BN、SiC/石墨体系、$Mn^{+1}AXn$、层状硅酸盐、羟基磷酸盐等都具有这种结构特点。

(2) 多孔可加工陶瓷。多孔陶瓷中孔隙的存在使其具有较低的弹性模量,因此该材料具有良好的可加工性。选择合理的孔隙率可使得陶瓷材料既具有较高的强度,又具备优良的可加工性。例如,可加工多孔 SiC 材料[19],其抗弯强度和弹性模量分别为 200MPa 和 120GPa。以柱状 β-Si_3N_4 晶粒在三维方向随机连接为特征的多孔 Si_3N_4 陶瓷[20,21],可用硬质合金刀具加工。多孔硅灰石($CaO \cdot SiO_2$)不但易于加工[22],而且具有一定的强度,与可铸造的玻璃陶瓷结合,宜应用于牙齿修复中。

(3) 内应力可加工陶瓷。Padture 等[3]通过研究指出,将弱界面、长晶粒以及内部应力引入 SiC 陶瓷的显微结构中制成非均相 SiC 陶瓷,可显著改善 SiC 的可加工性。非均相结构中对可加工性起关键作用的是存在于晶界区域的弱界面,它使具有微观非均相的陶瓷相对于单组分均相陶瓷更有利于材料损伤形成和去除[23]。

Padture[24]通过试验发现,在 SiC 烧结中添加 Al_2O_3 和 Y_2O_3(摩尔比为 3:5)可生成第二相的 YAG,YAG 的热膨胀系数与 SiC 相差很大($\Delta\alpha = 5.1 \times 10^{-6}$/℃),因此在材料热处理过程中,两相之间产生了很大的内应力,促进了弱界面的形成,这使得材料可在晶界区域形成晶间微裂纹,导致个别晶粒的移位,从而使其具有良好的可加工性。在复相材料制备过程中,当材料从制备时的高温冷却到基体的塑性形变可以忽略的温度时,便开始在第二相粒子中形成均匀应力,而在基体相中形成周期性应力场,并且以弹性应变能的形式储存起来。温度进一步下降时,弹性应变能不断升高,直到这种弹性应变能的积累超过了相界的断裂表面能时,就会在相界处产生自发型微裂纹。

(4) 软硬相可加工陶瓷。它是由高熔点氧化物(如 Al_2O_3、ZrO_2、莫来石、$CeZrO_2$)和稀土金属磷酸盐(如 $LaPO_4$、$CePO_4$)形成的两相复合物[16]。研究发现,该类复合物都可以用传统的金属加工工具(WC)进行切割和钻孔。同时,单相

$LaPO_4$也具有可加工性。Davis 等设计该类可加工陶瓷时,基于稀土磷酸盐和氧化物之间存在的比较弱的键合作用,使两相之间形成弱的界面。而在两相弱界面处微裂纹的形成与连接是该类化合物易于去除材料或具有可加工性的主要原因。

(5) 纳米可加工陶瓷。20 世纪 90 年代初,由新原皓一等率先使用纳米级陶瓷颗粒作弥散相引入微米级陶瓷基体中,制成纳米复相陶瓷。纳米技术与纳米陶瓷的出现,为改善陶瓷材料强度、韧性、耐高温、可加工性,以及获得综合性能优异新型陶瓷材料的研究工作开辟了新途径。

1.3　可加工陶瓷的加工特性及加工工艺措施

1.3.1　可加工陶瓷的加工特性

与工程陶瓷相比,可加工陶瓷具有较好的可加工性,但与金属材料的切削加工过程存在显著差异,硬脆性仍然是可加工陶瓷材料难加工的主要因素之一。与金属材料相比,可加工陶瓷在加工过程中的加工效率低,刀具磨损很快,因而其机械加工成本很高,广泛应用受到限制。

(1) 刀具磨损快。可加工陶瓷材料的切削过程表明,在加工初期刀具迅速磨钝,刀具磨损较快。

(2) 表面质量差。可加工陶瓷零件硬度高、脆性大、形状复杂,因而其加工质量较差。存在易崩裂、掉角、破碎,被加工零件尺寸一致性差、加工面锥度大,表面粗糙度大等现象。形成这些现象的主要原因是,陶瓷材料的烧结工艺控制不好,造成材料质地不均匀;毛坯形状不规则造成基准面不规范;高硬度材料对刀具的反切削作用造成刀具快速磨损。

(3) 加工效率低。为避免过高的切削热和工件表面产生宏观裂纹,云母玻璃陶瓷的切削速度一般选择为铸铁切削速度的一半,并采用水基冷却液[14]冷却。例如,为了防止钻削过程中钻头引入、切出时所造成的孔口崩边现象,往往采用双面钻孔或钻孔后双面磨削的工艺。很明显,为保证加工质量,无论采用降低切削速度还是增加加工工序的方案,其直接结果都是加工效率降低。

(4) 加工成本高。为保证加工质量、满足使用要求,可加工陶瓷在加工时,常采取多工序组合的复杂工艺路线或特种加工方法,因此机械加工成本较高。在改善陶瓷加工方面,为降低加工成本,中外学者在加工工具、加工技术和加工参数优化等方面进行了大量的研究工作。到目前,许多重要陶瓷部件制备的成本仍主要是精加工成本(约占整个部件制备费用的 70% 以上)[25]。一些复杂形状的陶瓷部件的机械加工问题一直限制着陶瓷材料的广泛应用。

1.3.2 改善可加工陶瓷材料机加工质量的途径

(1) 合理选择加工工艺参数。对于可加工陶瓷,可以采用普通刀具和传统机械加工方法进行切削加工,工艺简单,加工效率高,但在加工时要特别注意合理选择加工方法、夹具、刀具材料、刀具角度、切削用量以及冷却方法等。针对不同的可加工陶瓷材料,如何选择合理的加工参数,关系到材料的加工质量。

(2) 改善材料加工性能。非氧化物陶瓷如 SiC、Si_3N_4 难以加工,并且其机械加工后常导致陶瓷材料的强度下降,影响材料的使用性能。复相陶瓷的研制成功使得非氧化物陶瓷变得易加工,而且不影响其性能。

(3) 设计材料显微结构增加沿晶断裂。可加工陶瓷材料的共同特点是在陶瓷基体中引入特殊的显微结构,如层状、片状或多孔结构等,在陶瓷内部产生弱结合面偏折主裂纹,加工时裂纹沿弱界面形成和连接。例如,对于稀土氧化物复合陶瓷材料,随着稀土磷酸盐含量的增加,该复合陶瓷材料的可加工性提高。去除其材料表面薄层可以发现,材料内部存在晶间断裂现象,在粒度范围($2\sim5\mu m$)内存在位错,但无明显的深裂纹。

1.4 本书主要内容

本书共 7 章,分别介绍了可加工陶瓷切削过程的材料去除、可加工陶瓷切削过程的刀具磨损、可加工陶瓷磨削表面成形机理及材料去除过程、可加工陶瓷快速点磨削表面粗糙度、低膨胀微晶玻璃点磨削表面硬度、可加工陶瓷点磨削表面质量建模与优化。

参 考 文 献

[1] 穆柏春,等. 陶瓷材料的强韧化[M]. 北京:冶金工业出版社,2002.

[2] 金志浩,高积强,乔冠军. 工程陶瓷材料[M]. 西安:西安交通大学出版社,2000.

[3] Padture N P,Christopher C J,Xu H H K,et al. Enhanced machinability of silicon carbide via microstructural design[J]. Journal of the American Ceramic Society,1995,78:215~217.

[4] Evans A G,Marshall D B. Wear mechanisms in ceramics[J]. Fundamentals of Friction and Wear of Materials,1980:439~452.

[5] 周振军,刘家臣,杨正方,等. 可加工陶瓷研究现状[J]. 材料导报,2001,15(1):33~36.

[6] 田欣利,徐西鹏,袁巨龙,等. 工程陶瓷先进加工与质量控制技术[M]. 北京:国防工业出版社,2014.

[7] 马廉洁,于爱兵,韩建华,等. $ZrO_2/CePO_4$ 可加工陶瓷材料钻削加工的试验研究[J]. 硅酸盐通报,2004,23(5):106~108.

[8] Xu H H K,Jahanmir S. Scratching and grinding of a machinable glass-ceramic with weak in-

terfaces and rising T-Curve[J]. Journal of the American Ceramic Society,1995,78(2):497~500.

[9] Grossman D G. Machinable glass-ceramics based on tetra silicic mica[J]. Journal of the American Ceramic Society,1972,55(9):446~449.

[10] Boccaccini A R. Machinablity and brittleness of galss-ceramics[J]. Journal of Materials Processing Technology,1997,65:302~304.

[11] Lawn B R,Padture N P,Cai H,et al. Making ceramics "ductile" [J]. Science,1994,263:1114~1116.

[12] 于爱兵,马廉洁,谭业发. 氟金云母陶瓷钻削刀具磨损形态研究[J]. 摩擦学学报,2006,26(1):79~83.

[13] 李永利,乔冠军,金志浩. 可切削加工陶瓷材料研究进展[J]. 无机材料学报,2001,16(2):207~211.

[14] 黄勇,汪长安,等. 高韧性复相陶瓷材料的仿生结构设计制备与力学性能[J]. 成都大学学报（自然科学版）,2002,21(3):1~7.

[15] 钱晓倩,葛曼珍,吴义兵,等. 层状复合陶瓷强韧化机制及其优化设计因素[J]. 无机材料学报,1999,14(4):520~526.

[16] Davis J B,Marshall D B,Housley R M,et al. Machinable ceramics containing rare-earth phosphates[J]. Journal of the American Ceramic Society,1998,81(8):2169~2175.

[17] Clegg W J,Kendall K,Alford N M,et al. A simple way to make tough ceramics[J]. Nature,1990,347(10):445~447.

[18] 李永利,乔冠军,金志浩. 可加工性 BN/Al$_2$O$_3$ 陶瓷基复合材料的制备[J]. 中国有色金属学报,2002,12(6):1179~1183.

[19] Katsuaki S. Mechanical properties and microstructures of machinable silicon carbide[J]. Journal of Materials Science,1993,28(5):1175~1181.

[20] Kawai C,Yamakawa A,et al. Effect of porosity and microstructure on the strength of Si$_3$N$_4$[J]. Journal of the American Ceramic Society,1997,80(10):2705~2708.

[21] 乔冠军,王永兰,金志浩. 一种可切削玻璃陶瓷的压痕断裂特性[J]. 无机材料学报,1995,10(2):169~174.

[22] 乔冠军,王永兰,金志浩. 以 Ba 云母为主晶相的可切削玻璃陶瓷[J]. 无机材料学报,1996,11(1):29~32.

[23] Hockin H K X,Padture N P,Jananmir S. Effect of microstructure on material-removal mechanisms and damage tolerance in abrasive machining of silicon carbide[J]. Journal of the American Ceramic Society,1995,78(9):2443~2448.

[24] Padture N P. In situ-toughened silicon carbide[J]. Journal of the American Ceramic Society,1997,77(2):519~523.

[25] Yu A B,Zhong L J,Liu J C,et al. Machinability evaluation of Ce-ZrO$_2$/CePO$_4$ ceramics[J]. Key Engineering Materials,2004,259-260:259~263.

第2章　可加工陶瓷切削过程中的材料去除

近年来,高性能陶瓷材料的应用不断扩大,现代高科技产业对陶瓷材料性能提出了更为苛刻的要求,特别是作为机械构件相互配合使用前,仍需机械加工。例如,零热膨胀的超精密加工机床主轴,高真空线性电子加速器、导弹、飞行器中的微波输能窗,激光陀螺仪、大型天文望远镜的镜片,与骨组织产生骨性结合的生物活性陶瓷等都属于可加工陶瓷。因此,对高性能玻璃陶瓷的高效、精密加工技术及相关装备的研究和开发,具有重要的意义[1]。

可加工陶瓷虽然具有一定的可加工性,但陶瓷材料的硬脆特性使其难以加工,这与金属材料切削性能相比还有较大差别。目前,有关可加工陶瓷的研究大多集中在材料制备及性能方面,而关于材料加工去除、加工工艺及装备、工具材料和技术等方面的系统研究与报道尚不多见,关于玻璃陶瓷加工技术的研究报道较少,因此,开展有关可加工陶瓷材料加工技术方面的研究工作,探索大批量、低成本、高效率的加工技术,研究刀具快速磨损、提高加工效率、降低加工成本、减小加工损伤等问题是很有价值的,它们是可加工陶瓷机械加工研究中具有重要现实价值的课题,也是可加工玻璃陶瓷工程应用中亟须解决的关键技术之一。本章通过硬质合金刀具和高速钢刀具对氟金云母可加工陶瓷材料的钻削和车削试验,分析材料加工去除特性,讨论刀具材料、冷却条件、切削速度、刀具角度等工艺参数对材料去除率的影响[2]。

2.1　$ZrO_2/CePO_4$ 陶瓷钻削加工中的材料去除

2.1.1　材料去除过程

图 2.1 给出了硬质合金钻头(YG6X)加工 $ZrO_2/CePO_4$ 陶瓷和低碳钢时材料去除量随时间变化的对比曲线。由图可见其材料去除率(曲线斜率)很低。在加工初始阶段很短的一段时间内,$ZrO_2/CePO_4$ 陶瓷材料去除率比低碳钢的还高,但持续时间较短(仅相当于总加工时间的 2.5%),加工持续 80s 之后材料去除率迅速下降。同时也说明,在切削 $ZrO_2/CePO_4$ 陶瓷过程中,刀具磨损比较剧烈。

机械加工生产的基本要求是,获得较高的加工效率和较低的刀具磨损,以降低机械加工成本,提高生产效率。因此,要综合考虑材料去除与刀具磨损两方面的因素,以考查材料的可加工性能和刀具性能。

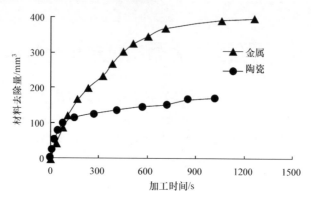

图 2.1　YG6X 钻头加工时材料去除量与加工时间关系

图 2.2 给出了材料去除率随刀具磨损量变化的关系曲线(简称 Q-VB 曲线)。由图 2.2(a)可知,无论使用高速钢钻头还是硬质合金钻头,25$^\#$ 低碳钢的 Q-VB 曲线都是一次函数关系。由图 2.2(b)可知,因刀具材质的不同,$ZrO_2/CePO_4$ 陶瓷材料去除率产生了较大变化。高速钢钻头情况下的 Q-VB 曲线仍然是一次函数,随着刀具磨损量的增大,材料去除率的变化量极小,在加工过程中,以刀具磨损为主要特征,加工效率低。而硬质合金钻头情况下的 Q-VB 曲线是幂函数,刀具磨损的速度更快,刀具磨损量存在某一临界值 VB_{th},在未达到该值以前,材料去除率较大,切削过程以材料加工去除为主要表现;在超过该值以后,材料去除率较小,以刀具磨损为主要表现。以此为参照,钻削 $ZrO_2/CePO_4$ 陶瓷材料的去除过程可分为两个阶段:初期阶段为高效加工阶段,在该阶段,材料去除率较大,刀具磨损量较小;后期阶段为高磨损阶段,在该阶段,材料去除率较小,刀具磨损量较大。

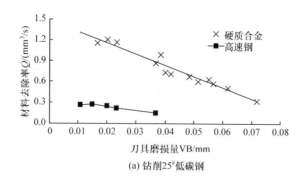

(a) 钻削25$^\#$低碳钢

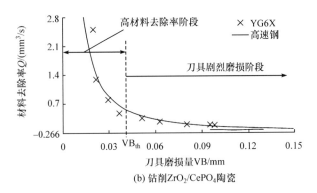

(b) 钻削$ZrO_2/CePO_4$陶瓷

图 2.2　材料去除率与刀具磨损量的关系

2.1.2　材料去除的影响因素

1) 刀具材料

如图 2.3 所示,加工 $ZrO_2/CePO_4$ 陶瓷材料时,高速钢钻头的高效率加工时段不明显,一次刃磨加工时间约为 113s,材料去除总量为 8mm^3。由此说明,在 $ZrO_2/CePO_4$ 陶瓷加工中,高速钢钻头无法满足加工要求。而硬质合金钻头的高效率加工时间约为 152s,材料去除量为 116mm^3,一次刃磨时间约为 1014s,材料去除总量为 173mm^3;加工初期材料去除率较大,之后材料去除率迅速减小,中后期材料去除率变化不明显。

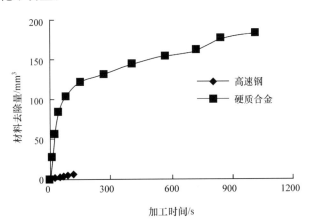

图 2.3　$ZrO_2/CePO_4$ 材料去除曲线

2) 钻头顶角

试验结果表明,钻头顶角对材料去除率的影响比较显著。图 2.4 为钻头顶角对材料去除率的影响。随着钻头顶角的增大,材料去除率增大,当钻头顶角 φ 由

50°增加到 146°时,材料去除率增加了 1.5 倍。

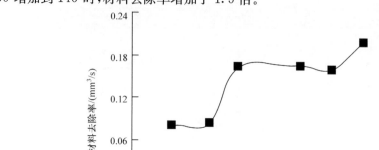

图 2.4　钻头顶角对材料去除率的影响

2.1.3　材料去除机理

图 2.5(a)示出了用硬质合金钻头在 $ZrO_2/75\%CePO_4$ 材料表面所加工的盲孔。显然,$ZrO_2/75\%CePO_4$ 复合陶瓷材料可以进行切削加工,呈现出良好的可切削加工性。

研究结果表明[3],$ZrO_2/CePO_4$ 陶瓷的层片状微观结构赋予了材料可加工性。首先,纯 $CePO_4$ 具有较好的可加工性,从 SEM 照片(图 2.6)可以看出,$CePO_4$ 钻削表面具有与金属一样的塑性变形加工痕迹,有长片状的微观结构。$CePO_4$ 的断裂形式是在层间形成层片状或台阶状裂纹(图 2.7 中箭头 A)。其次,$ZrO_2/CePO_4$ 之间存在弱结合面,在外力作用下微裂纹往往优先沿弱界面产生,应力进一步增大时,$CePO_4$ 发生层状开裂,而均匀分布在 $CePO_4$ 机体中的 ZrO_2 阻止了主裂纹的扩展,形成了较小的裂纹层,因而,在 ZrO_2 周围形成了微裂纹网络,裂纹曲折扩展且呈不连续状态(图 2.5(b))。

图 2.8(a)显示了 $ZrO_2/75\%CePO_4$ 材料的脆性断裂断口处的表面形貌,从图中箭头处可以观察到 $CePO_4$ 陶瓷层状穿晶断裂。图 2.7 和图 2.8(b)分别为 $ZrO_2/50\%CePO_4$、$ZrO_2/75\%CePO_4$ 材料的钻削加工表面形貌。从图 2.7 中箭头 A、图 2.8(b)中箭头 B 可以明显观察到 $CePO_4$ 陶瓷的穿晶断裂模式。$CePO_4$ 本身具有层片状微观结构,呈现良好的可加工性。图 2.7 中箭头 A 也表明 $CePO_4$ 的层片状解理结构。同时,加工表面一些晶粒的完整形状表明了 $ZrO_2/CePO_4$ 复合陶瓷材料存在沿晶断裂模式,证明了 ZrO_2 与 $CePO_4$ 两相间弱界面的存在(图 2.7 中箭头 B、图 2.8(b)中箭头 A)。一方面,$CePO_4$ 陶瓷本身具备弱界面;另一方面,ZrO_2 与 $CePO_4$ 两相晶粒之间也形成弱界面。弱界面处微裂纹的形成与连接是 $ZrO_2/CePO_4$ 复合陶瓷材料可以进行切削加工的主要原因。

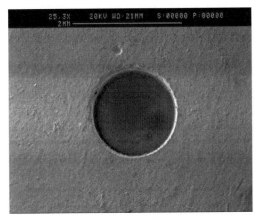

(a) $ZrO_2/75\%CePO_4$钻削盲孔

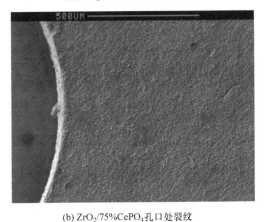

(b) $ZrO_2/75\%CePO_4$孔口处裂纹

图 2.5　$ZrO_2/75\%CePO_4$ 表面的宏观形貌

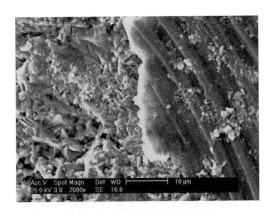

图 2.6　$CePO_4$ 钻削断面形貌

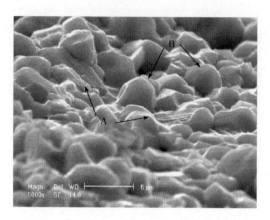

图 2.7 $ZrO_2/50\%CePO_4$ 钻削表面形貌

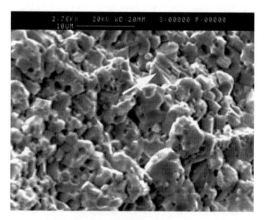

(a) 断面形貌

(b) 钻削表面形貌

图 2.8 $ZrO_2/75\%CePO_4$ 陶瓷的两种断裂方式

2.1.4　$ZrO_2/CePO_4$ 陶瓷的加工缺陷

加工 $ZrO_2/CePO_4$ 陶瓷时,由于材料的硬度高、脆性大,容易产生加工缺陷。不合适的切削速度、轴向进给、轴向压力等因素,都会使钻头在引入、切出时造成材料孔口处产生径向裂纹(图 2.9(a)中箭头)和崩边(图 2.9(b))。

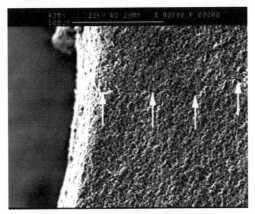

(a) 孔口处径向裂纹

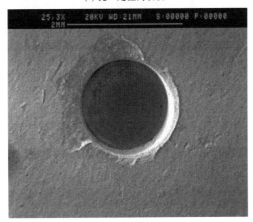

(b) 孔口崩边

图 2.9　$ZrO_2/75\%CePO_4$ 钻头入口端加工缺陷

$ZrO_2/CePO_4$ 陶瓷的加工表面质量及尺寸精度不易保证。首先,材料脆性所形成的崩除会使加工表面粗糙度增大(图 2.10(a));其次,材料中的 ZrO_2 硬质点对钻头的反切削作用,会使钻头主切削刃产生锯齿形沟纹,因而在加工表面形成犁耕状的沟纹(图 2.10(b)中箭头);最后,钻头的快速磨损会使刀头尺寸减小,还容易形成锥状钻孔。

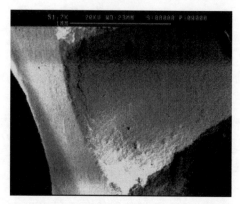

(a) 已加工表面形貌

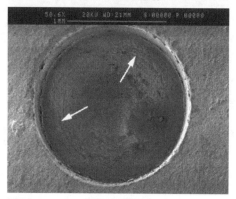

(b) 钻削后期的盲孔

图 2.10　　$ZrO_2/75\%CePO_4$ 钻孔形貌

2.2　氟金云母陶瓷钻削加工中的材料加工去除

　　1970 年，Beall、Grossman 等首先制备出了可切削加工玻璃陶瓷[4]。云母玻璃陶瓷具有与天然云母类似的云母相组织结构，因此具有可加工性。氟金云母就是一种较常见的玻璃陶瓷。目前与材料加工技术相关的系统研究报道较少[5,6]。

　　本节用硬质合金刀具和高速钢刀具对氟金云母可加工陶瓷材料进行钻削加工试验，并与低碳钢材料进行对比，分析氟金云母陶瓷加工中材料去除特点、材料去除规律、硬质合金刀具磨损特性、刀具磨损过程；通过单因素试验法讨论刀具材料、冷却条件、切削速度、刀具角度等因素对材料加工效率及刀具磨损的影响，并对其钻削加工的基本参数进行初步优化；通过电镜观察氟金云母陶瓷钻削加工中的刀具磨损特性、磨损形态以及磨损机理，初步探索氟金云母陶瓷钻削中的材料去除机理。

2.2.1　材料去除过程

图 2.11(a)和(b)分别给出了无冷却条件下采用硬质合金钻头加工 25# 低碳钢和氟金云母陶瓷材料时,材料去除量随加工时间变化曲线。氟金云母陶瓷钻削过程与金属材料存有差异,其材料去除率(曲线斜率)随时间的增加而减小。材料去除过程可分为三个阶段:初期阶段、稳定阶段和后期阶段。

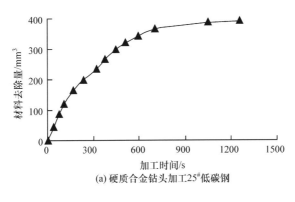

(a) 硬质合金钻头加工25#低碳钢

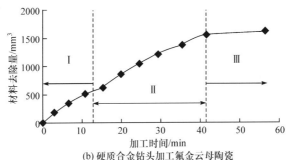

(b) 硬质合金钻头加工氟金云母陶瓷

图 2.11　材料去除量随时间变化曲线

在初期阶段(图 2.11(b)中Ⅰ段),材料去除率(曲线斜率)较高,但下降速度较快,相当于总加工时间的 1/4,这是因为在加工初期,切削刃比较锋利,切削能力较强,但抗磨损能力较弱。

在稳定阶段(图 2.11(b)中Ⅱ段),材料去除量稳定增长,材料去除率保持在较高水平(曲线斜率基本不变),持续较长时间,相当于总加工时间的 1/2,此时切削刃刃磨后的缺陷基本消除,所以钻头的切削能力、抗磨损能力都较强,因此,该阶段是材料加工过程中应该努力保持的阶段。

在后期阶段(图 2.11(b)中Ⅲ段),材料去除量较小,曲线呈水平状态,材料去除率(曲线斜率)近似为零,这是因为切削刃过度磨损,切削能力下降。

2.2.2 材料加工去除的影响因素

1. 刀具材料对材料去除率的影响

在氟金云母陶瓷钻削加工过程中,刀具材料性能是影响材料去除至关重要的因素。刀具材料对比试验条件如表 2.1 所示。为了得到高速钢刀具的试验数据,使试验结果更具科学性,采用了两种冷却方式。

表 2.1　单因素试验条件(刀具材料)

刀具材料	钻头	试验条件
YG6X/ W18Cr4V	顶角 $\varphi=121°$,切深前角 $\gamma_p=-9°\pm2°$, 进给前角 $\gamma_f=20°\pm2°$	$n=5800\text{r/min}$,$P=22.87\text{N}$,钻头直径 $d=1.5\text{mm}$,无冷却/自来水

在无冷却条件下,YG6X 硬质合金刀具切削过程如图 2.11(b)所示。

在无冷却情况下,高速钢钻头加工 5s 时,就发生了严重的塑性变形(刀刃卷曲),主后刀面的磨料磨损非常严重。为避免失效,在自来水冷却的情况下,同时采用 3000r/min 的较低转速,高速钢钻头只能持续加工 19s,其磨损形态为正常的磨料磨损。换用直径 $d=6\text{mm}$ 的钻头,以 150r/min 的转速切削,在自来水冷却的情况下仍然不能正常加工。因此,高速钢刀具无法满足氟金云母陶瓷加工的需要。

2. 冷却条件对材料去除率的影响

在氟金云母陶瓷钻削加工过程中,冷却条件是影响材料去除的关键因素。冷却条件对比试验条件如表 2.2 所示。

表 2.2　单因素试验条件(冷却条件)

冷却方式	试验条件	
无冷却 自来水冷却 自制冷却液	YG6X 钻头:直径 $d=1.5\text{mm}$,顶角 $\varphi=134°\pm1°$,切深前 角 $\gamma_p=-3.5°\pm1°$,进给前角 $\gamma_f=22°\pm1°$	$n=5800\text{r/min}$, $P=22.87\text{N}$

与无冷却情况相比,采用自来水冷却时,材料去除率约提高了 4 倍,而采用自行配制的冷却液时,材料去除率约提高了 2.5 倍;在刀具磨损量相同时,有冷却情况下加工持续时间提高了近 50%,说明冷却条件是影响切削效率的主要因素,切削温度主要影响材料加工去除过程。

图 2.12 给出了冷却条件对材料去除率的影响曲线,三条曲线的变化规律不尽相同,无冷却和自来水冷却时,两条曲线的趋势基本相同、斜率接近,即随着加工的进行,材料去除率减小;而用自行配制的冷却液冷却时,曲线斜率较小,随着加工的进行,材料去除率具有减小的趋势,但变化量较小。这是因为自行配制的冷却液中不但含有冷却剂,而且还含有防锈剂和润滑剂,在保证冷却效果的同时又能够润滑刀具和被加工表面,其材料去除率比水冷却时的小,而润滑作用使刀具的切削性能得以保持,所以材料去除率的数值变化较小。因此,如果以加工效率为生产目标而不考虑刀具损耗时,应该选取自来水冷却。

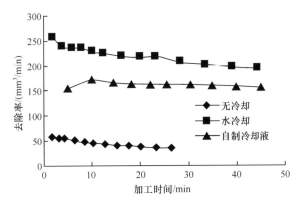

图 2.12　冷却条件对材料去除率的影响

3. 主轴转速对材料去除率的影响

图 2.13 为材料去除率与主轴转速之间的关系曲线。材料去除率可以分为三个阶段。主轴转速对材料去除的试验条件如表 2.3 所示。$n=1000\sim3000\text{r/min}$ 为第一阶段,在这一阶段中,材料去除率随主轴转速增大而增大;当主轴转速增大时,钻头实际获得的扭矩增大,切削力增大,切削能力加强;当 $n=3000\text{r/min}$ 时达到一个极大值点。$n=3000\sim4000\text{r/min}$ 为第二阶段,此时的材料去除率随主轴转

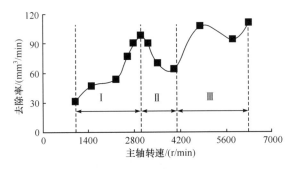

图 2.13　主轴转速对材料去除率的影响

速的增大而减小,虽然刀具切削能力随主轴转速的增大而加强,但是刀具磨损也随之增加,从而影响了刀具的切削能力。$n=4000\sim6300\text{r/min}$ 为第三阶段,此时的材料去除率随主轴转速的增大而增大,试验过程开始出现机床振动加剧、刀具磨损速度加快、加工质量降低(块状切屑)等现象。当转速 $n=8300\text{r/min}$ 时,严重的机床振动使加工无法进行,说明过高的切削速度不利于钻削加工进行。因此,主轴转速 $n=2800\sim3200\text{r/min}$ 是材料去除较适宜的范围。

表 2.3　单因素试验条件(主轴转速)

主轴转速 $n/(\text{r/min})$	试验条件
1000,1500,2250,2600,2800, 3000,3200,3500,4000,4800, 4850,5800,6300,8300	YG6X 钻头:直径 $d=1.5\text{mm}$, 顶角 $\varphi=125°\pm3°$,切深前角 $\gamma_\text{p}=-6°\pm2°$, 进给前角 $\gamma_\text{f}=24°\pm2°$,无冷却,$P=22.87\text{N}$

4. 钻头顶角对材料去除率的影响

图 2.14 为材料去除率与钻头顶角之间的关系曲线。由图 2.14 可以看出,随钻头顶角的增加,曲线经历了上升、下降、激增三个阶段。单因素试验条件如表 2.4 所示。

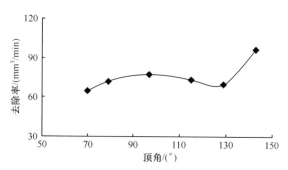

图 2.14　钻头顶角对材料去除率的影响

表 2.4　单因素试验条件(钻头顶角)

顶角 φ	试验条件
70°,79°,97°,115°,129°,140°,143°	YG6X 钻头:直径 $d=1.5\text{mm}$, 切深前角 $\gamma_\text{p}=-5°\pm1°$,进给前角 $\gamma_\text{f}=24°\pm2°$, 主轴转速 $n=3000\text{r/min}$,无冷却,$P=22.87\text{N}$

试验过程表明,当钻头顶角 $\varphi=143°$ 时,机床振动加剧,切屑中出现了大量崩块,如果将曲线的激增阶段舍去,则材料去除量曲线是一段抛物线,当 $\varphi=100°$ 时,是抛物线的顶点。钻头主切削刃长度随顶角的增大而减小,当钻床轴向压力一定

时,主切削刃上的应力分布将随之增大,因此切削能力加强,材料去除率增大,曲线呈上升趋势。当钻头顶角超过某一临界值后,尽管主切削刃上的应力分布仍在增大,切削能力在加强,但同时刀具磨损也在加快,切削能力随刀具磨损的增加而减弱,从而遏制了材料去除率的增大,曲线呈下降趋势。

2.2.3 材料钻削加工表面

图 2.15 为氟金云母陶瓷断口表面形貌的 SEM 照片。由图可以看出,层片状结构所占比例很大,表明了材料以穿晶断裂模式为主。

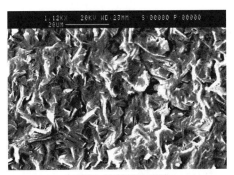

(a) 断口表面的宏观形貌

(b) 局部放大

图 2.15 氟金云母陶瓷断口表面形貌

图 2.16 为氟金云母陶瓷钻削加工表面形貌的 SEM 照片。图中层片状结构清晰可见,所占比例较大(图 2.16(a) 和 (b) 中箭头 1),表明氟金云母陶瓷材料以穿晶断裂模式为主;图中还存在较多的微观裂纹(图 2.16(a) 和 (b) 中箭头 2),材料中晶粒排列的随机性阻断了裂纹的扩展(图 2.16(a) 和 (b) 中箭头 3),使裂纹扩展呈不连续状态,部分晶粒整体拔除所留下的凹坑(图 2.16(a) 中箭头 4),表明沿晶断裂模式的存在。而上述结构特点在材料脆断表面(断口形貌)中是不易观察到的,由此证明了氟金云母陶瓷层片状结构之间弱界面的存在。

(a) 钻削表面的裂纹

(b) 局部放大

图 2.16　氟金云母陶瓷钻削加工表面形貌

　　图 2.17 为氟金云母陶瓷钻孔两端显微照片(图中纤维状或颗粒状的蓝色物质为拍照前染色所留下的杂质痕迹)。由图可以看出,钻头切入端表面光滑平整,曲线圆滑(图 2.17(a)),表现出较好的可加工性;而在钻头切出端孔口处出现了少量的崩边现象(图 2.17(b))。在本试验研究过程中,为了减少人为因素的影响,固定

(a) 钻头切入端

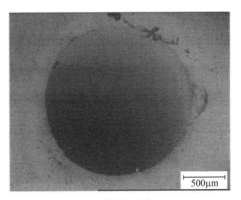

(b) 钻头切出端

图 2.17 钻孔两端显微照片

了钻床的轴向压力。当钻孔接近完成时,由于材料厚度较小,无法承受较大的轴向压力而产生了冲击,形成了瞬间脆断,使得孔口处少部分崩除,因此形成了孔口崩边。在氟金云母陶瓷钻削加工实际操作过程中,如果能适当控制钻床的轴向压力,使其随材料加工过程的进行产生相应的周期性变化(钻头切入、切出时压力适当减小),就能有效地控制加工缺陷,提高表面加工质量。

2.3 氟金云母陶瓷车削加工中的材料加工去除

2.3.1 材料去除过程

图 2.18 为高速钢刀具无冷却条件下材料去除量变化曲线。在氟金云母陶瓷车削过程中,材料去除率(曲线斜率)在不同的加工时段表现出了不同的性质。其材料去除过程可分为三个阶段:初期阶段、高效阶段和后期阶段。

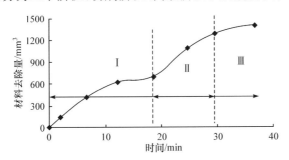

图 2.18 材料去除量变化曲线(高速钢刀具)

在初期阶段(图 2.18 中 I 段),材料去除率(曲线斜率)较高,但下降速度较快,材料去除量相当于材料去除总量的 1/2,这是因为切削刃比较锋利,切削能力较强,但抗磨损能力较弱。

在高效阶段(图 2.18 中 Ⅱ 段),材料去除率最高,而且保持相对稳定,材料去除量也保持在较高水平(相当于材料去除总量的 1/2),相当于总加工时间的 1/4。此时,经摩擦后的切削刃缺陷基本消除,所以刀具的切削能力较强,但是由于高速钢的硬度较低(W18Cr4V 型高速钢的硬度 HRC＝65,而氟金云母陶瓷硬度 HRC＝77.5),抗磨损能力较弱,所以持续的时间较短。

在后期阶段(图 2.18 中 Ⅲ 段),材料去除量较小,材料去除率(曲线斜率)较低,这是由于切削刃过度磨损、切削能力下降造成的。

2.3.2　刀具材料对氟金云母陶瓷材料去除率的影响

在氟金云母陶瓷车削加工过程中,刀具材料性能是影响材料去除的关键因素。刀具材料对比试验条件如表 2.5 所示。

表 2.5　刀具材料对比试验条件

刀具材料	试验条件
W18Cr4V YW Si₃N₄	$n＝150\text{r/min}, a_\mathrm{p}＝0.3\text{mm}, v_\mathrm{f}＝1.5\text{mm/min}$; $\gamma_0＝-2°\pm1°, \alpha_0＝6°\pm1°, \kappa_\mathrm{r}＝81°\pm3°, \kappa_\mathrm{r}'＝9°\pm1°30', \lambda_\mathrm{s}＝5°\pm1°$; 无冷却

图 2.19 为无冷却条件下采用高速钢刀具、YW 硬质合金刀具、Si_3N_4 陶瓷刀具三种不同刀具材料对材料去除量的影响曲线。

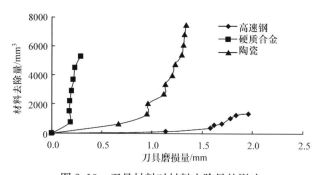

图 2.19　刀具材料对材料去除量的影响

在无冷却的情况下,高速钢刀具的刀具磨损量最大,材料去除量最小,其 V/VB(单位刀具磨损量内的材料去除体积)值为 719,加工持续时间很短,主后刀面的磨料磨损非常严重,并且拌有塑性变形的发生;硬质合金刀具的加工效率最高,其 V/VB 值为 18293,但是其加工持续时间较短,刀具耐磨性较差;Si_3N_4 陶瓷刀具的加工效率介于两者之间,其 V/VB 值为 5582,刀具耐磨性较强,因而加工持续时间较长。

2.3.3　刀具材料对氟金云母陶瓷车削表面质量的影响[7]

表面加工质量对机械零件使用性能有很大影响。衡量表面加工质量的主要指标有表面粗糙度、表面层冷作硬化程度、表面层残余应力的性质及其大小。加工表面粗糙度影响零件的装配精度、接触刚度和零件耐磨性等。

图 2.20 为采用高速钢、陶瓷和硬质合金刀具在无冷却条件下对氟金云母进行车削后,对其材料加工端面涂墨水予以染色,从而得到的在 XTL-Ⅱ 型体视显微镜下拍摄的车削表面形貌图片。在高速钢刀具和 Si_3N_4 陶瓷刀具的加工表面上,同心圆分布的环状纹理清晰可见,而在相同的放大倍数下,硬质合金刀具的加工表面纹理则不易被观察。通过表面观察不难看出,高速钢刀具表面加工质量最差,硬质合金刀具最好,Si_3N_4 陶瓷刀具的表面加工质量介于两者之间。

图 2.21～图 2.23 分别给出了采用高速钢、硬质合金和 Si_3N_4 陶瓷刀具车削氟金云母时,所加工端面的表面粗糙度曲线。氟金云母的表面粗糙度如表 2.6 所示。

(a) 高速钢刀具加工表面

(b) Si_3N_4 陶瓷刀具加工表面

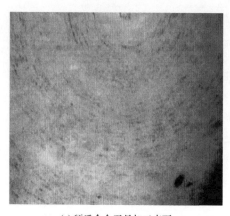

(c) 硬质合金刀具加工表面

图 2.20　氟金云母陶瓷车削表面形貌

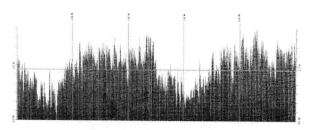

图 2.21　高速钢刀具所加工端面的表面粗糙度曲线

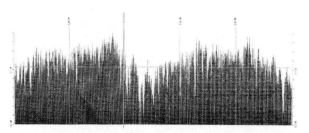

图 2.22　硬质合金刀具所加工端面的表面粗糙度曲线

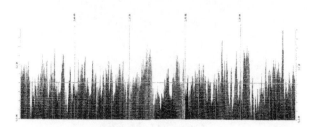

图 2.23　Si_3N_4 陶瓷刀具所加工端面的表面粗糙度曲线

表 2.6　氟金云母微晶玻璃的表面粗糙度

所用刀具	粗糙度				
	$R_a/\mu m$	$R_q/\mu m$	$R_y/\mu m$	$R_{tm}/\mu m$	$R_{pm}/\mu m$
高速钢刀具	1.06	1.28	5.85	4.93	2.3
硬质合金刀具	0.59	0.73	4.25	3.3	1.4
Si_3N_4 陶瓷刀具	0.56	0.71	4.37	3.7	1.83

通过比较可以看出：采用高速钢刀具车削过的端面，其起伏频率高，曲线高度差大，表面粗糙度 $R_a = 1.06\mu m$；采用硬质合金刀具车削过的端面，其起伏频率低，曲线高度差平稳且相差不大，其表面粗糙度 $R_a = 0.59\mu m$；采用 Si_3N_4 陶瓷刀具车削过的端面，其起伏频率高，曲线高度差相差不大，表面粗糙度 $R_a = 0.56\mu m$。所以硬质合金刀具和 Si_3N_4 陶瓷刀具加工过的表面加工质量相对较好，可作为车削刀具对氟金云母陶瓷进行精密加工。

2.3.4　材料车削表面

图 2.24 为氟金云母陶瓷断口表面形貌的 SEM 照片，图中层片状结构所占比例很大，表明材料脆断的穿晶断裂模式。图 2.25 为氟金云母陶瓷车削加工表面形貌的 SEM 照片，图中层片状结构清晰可见，所占比例较大（图 2.25(b)），表明氟金云母陶瓷材料以穿晶断裂模式为主，同时，图片中还存在较多的不连续裂纹（图 2.25(a)中箭头 1），部分晶粒整体拔除所留下的凹坑（图 2.25(a)中箭头 2），表明陶瓷材料以穿晶断裂模式为主，也证明了氟金云母陶瓷层片状结构和柱状晶粒之间弱界面的存在。

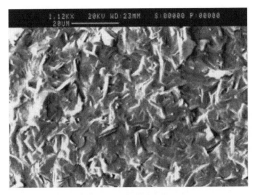

(a) 断口表面的宏观形貌

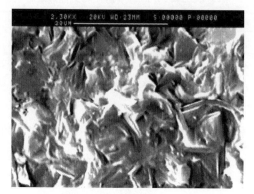

(b) 局部放大

图 2.24 氟金云母陶瓷断口表面形貌的 SEM 照片

(a) 车削表面的裂纹

(b) 局部放大

图 2.25 氟金云母陶瓷车削加工表面形貌 SEM 照片

2.4　本 章 结 论

采用硬质合金钻头（YG6X）钻削加工 $ZrO_2/CePO_4$ 陶瓷的过程中，在加工起始阶段的很短一段时间内，材料去除率较快，其加工效率比 $25^{\#}$ 低碳钢还要高。用刀具磨损量研究材料去除率时，$ZrO_2/CePO_4$ 陶瓷材料的钻削去除过程可分为两个阶段——高效率阶段和高磨损阶段，与切削金属材料的材料去除过程存在较大差异。另外，刀具材料性能是影响材料去除率的重要因素，如高速钢钻头无法满足 $ZrO_2/CePO_4$ 的加工要求。试验结果表明：可加工陶瓷的加工过程中，应选择合理的刀具、刀具参数和加工工艺参数，以获得良好的加工质量，提高加工效率[2]。

在氟金云母玻璃陶瓷钻削加工过程中，材料去除包含片状云母晶体的解理和云母与玻璃相之间的弱界面断裂。刀具材料、冷却条件、主轴转速及刀具角度等钻削工艺参数对材料去除率产生了一定的影响，其中刀具材料、冷却条件的影响较为显著。由于存在刀具的磨损，氟金云母玻璃陶瓷的钻削加工应选用硬质合金刀具，而不选用高速钢刀具。在有冷却的条件下，可以显著提高材料去除率。因此，在氟金云母玻璃陶瓷钻削加工过程中，选择适当的钻削工艺参数可以增加材料去除率，提高加工效率[1]。

氟金云母可加工陶瓷车削加工中的材料微观去除以穿晶断裂模式为主，沿晶断裂模式同时存在。高速钢刀具无冷却条件下的材料去除过程可分为初期阶段、高效阶段和后期阶段三个阶段。刀具材料性能是影响材料去除的关键因素。高速钢刀具因加工效率太低而不适合氟金云母陶瓷的车削加工。在本试验规定的条件下，高速钢刀具所加工表面的加工质量最差，硬质合金刀具所加工表面的加工质量最好，而 Si_3N_4 陶瓷刀具所加工的介于两者之间。

参 考 文 献

[1] 于爱兵，马廉洁.钻削工艺参数对氟金云母玻璃陶瓷材料去除率的影响[J].硅酸盐通报，2006,25(2):57~59.

[2] 马廉洁，于爱兵，韩建华，等. $ZrO_2/CePO_4$ 可加工陶瓷材料钻削加工的试验研究[J].硅酸盐通报，2004,23(5):106~108.

[3] 邱世鹏，刘家臣，葛志平，等. $CePO_4/Ce-ZrO_2$ 可加工陶瓷性能与断裂机制的研究[J].中国稀土学报，2003,21(2):159~162.

[4] Grossman D G. Machinable glass-ceramics based on tetra silicic mica[J]. Journal of the American Ceramic Society,1972,55(9):446~449.

[5] Boccaccini A R. Machinablity and brittleness of galss-ceramics[J]. Journal of Materials Processing Technology,1997,65:302～304.

[6] Yu A B,Zhong L J,Liu J C,et al. Machinability evaluation of Ce-ZrO$_2$/CePO$_4$ ceramics[J]. Key Engineering Materials,2004,259-260:259～263.

[7] 周振堂,马廉洁,陈兆生,等. 氟金云母陶瓷车削加工中材料去除的试验研究[J]. 兵器材料科学与工程,2008,31(4):27～30.

第3章　可加工陶瓷切削过程中的刀具磨损

3.1　$ZrO_2/CePO_4$ 陶瓷钻削加工中的刀具磨损

作为结构材料和功能材料的先进陶瓷,因其优异的性能受到了越来越广泛的重视,但由于其难加工、加工损伤大、机械加工成本高,其应用受到了一定限制。近年来,研究人员开展了许多关于可加工陶瓷材料的研究。这些研究结果表明,通过控制和调整陶瓷的显微结构及晶界应力,可使陶瓷内部产生弱结合面,实现陶瓷材料的可加工。实际上,可加工陶瓷材料与金属材料的切削加工过程存在显著差异,其中,刀具的快速磨损、刀具的突然失效等都直接影响材料的加工质量[1]。

目前,有关可加工陶瓷的研究工作多集中在材料制备及性能方面,而关于材料加工技术的研究还很有限。因此,开展可加工陶瓷的加工去除、加工工艺及装备的研究,寻求高效率、低成本、高质量的切削加工技术,是可加工陶瓷材料在工程应用中亟须解决的现实课题之一。尽管可用普通金属切削刀具加工,但切削过程中存在的一个主要问题是刀具的磨损,它严重影响了材料的加工质量和加工效率。本章制备了可加工陶瓷材料 $ZrO_2/CePO_4$,通过与 25# 低碳钢的对比钻削试验,分析 $ZrO_2/CePO_4$ 钻削中的刀具磨损特性与刀具磨损形态,讨论刀具材料、刀具角度和冷却条件对刀具磨损的影响,为 $ZrO_2/CePO_4$ 材料钻削工具和工艺的选择提供相应的理论基础[2]。

3.1.1　刀具磨损过程[2]

可加工陶瓷与金属材料的切削加工过程存在显著差异。图 3.1 给出了用硬质合金钻头加工 $ZrO_2/CePO_4$ 陶瓷和低碳钢时的刀具磨损对比曲线。

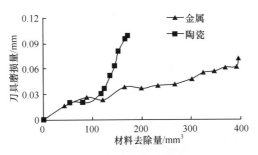

图 3.1　刀具磨损与材料去除

　　加工低碳钢时,随着材料去除量的增加,刀具的磨损量逐渐增大,刀具磨损量与材料去除量近似呈线性关系,刀具磨损量没有呈现快速增长现象。对于 ZrO_2/$CePO_4$ 陶瓷材料,在加工初期较易去除,可以获得与低碳钢相近的材料去除量,刀具的磨损量也不大。但随着材料去除量的增加,刀具磨损量急剧增加,出现了刀具快速磨损的现象。钻削 ZrO_2/$CePO_4$ 陶瓷材料的刀具磨损过程可分为两个阶段:初期磨损阶段和后期磨损阶段。初期磨损阶段为正常加工时段,在此阶段,可以获得一定的材料去除量,刀具磨损量仅占刀具磨损总量的 1/4。后期磨损阶段为快速磨损时段,在此阶段,ZrO_2/$CePO_4$ 陶瓷的材料去除量增加不多,而刀具磨损量却占刀具磨损总量的 3/4。随着刀具磨损的进一步增大,钻头切削加工能力迅速降低。因此,在 ZrO_2/$CePO_4$ 陶瓷材料钻削加工过程中,应选取适宜的刀具参数和切削用量,保持切削刃的锋利,减少刀具磨损,获得较长的正常加工时段。

3.1.2　刀具磨损机理

1. 刀具磨损形态

　　加工 ZrO_2/$CePO_4$ 陶瓷时,刀具磨损形态包括主后刀面磨损、副后刀面磨损和横刃磨损[1]。

　　图 3.2(a)中箭头 1 所指为钻头主后刀面磨损带。一般地,钻头顶角较大时,主后刀面磨损从靠近刀尖的主切削刃开始,沿主切削刃逐渐向横刃扩展,主后刀面与横刃磨损比较均匀。图 3.2(a)中箭头 2 所指为钻头第一副后刀面的磨损带。测量加工之后的钻头直径,加工低碳钢的钻头直径为 1.5mm,而加工陶瓷的钻头直径减小至 1.48mm。由此可以推断:钻削金属材料时,副切削刃主要起断屑作用,第一副后刀面主要起导向作用;而钻削 ZrO_2/$CePO_4$ 陶瓷材料时,由于刀尖的磨损较为严重,磨损速度较快,尺寸迅速减小,副切削刃实际起到了扩孔的作用,同时,第一副后刀面受到磨损,因而刀体端部直径减小。图 3.2(b)中箭头及图 3.2(a)中箭头 3 所指为钻头横刃位置。在强烈的摩擦作用下,横刃的锋直刃口被磨损成带状曲面。

(a) 主、副后刀面的磨损带

(b) 横刃磨损形态

图 3.2　硬质合金钻头加工 $ZrO_2/75\%CePO_4$ 的磨损形态[1]

图 3.3 为 YG6X 钻头加工低碳钢时的磨损形态（图中主切削刃处的月牙状宏观缺陷是在刀具刃磨过程中形成的）。在加工工艺条件相同、刀具角度相同（顶角 φ 分别为 133°、130°，切深前角 γ_p 分别为 $-8°$、$-7°$，进给前角 $\gamma_f = 22°$）、材料去除量相同的情况下，加工低碳钢的刀具磨损量很小，用低倍显微镜下几乎观察不到[2]。

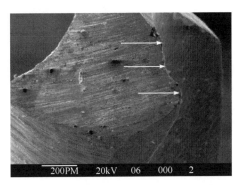

图 3.3　硬质合金钻头加工 25# 低碳钢时的磨损形态[2]

2. 刀具磨损的主要原因[1]

钻削 $ZrO_2/CePO_4$ 时，引起刀具磨损的主要原因有磨料磨损、黏结磨损、氧化磨损。

1) 磨料磨损

图 3.4(a) 和 (b) 分别为硬质合金钻头主后刀面和副后刀面磨料磨损的显微照片。钻头的磨损面显示出密集的锯齿状沟纹，属于严重的磨料磨损。在 $ZrO_2/CePO_4$ 材料中，ZrO_2 的硬度高于硬质合金刀具材料，所以，在切削过程中 ZrO_2 硬

质点对刀具形成了反切削的作用。$ZrO_2/CePO_4$ 试件中 ZrO_2 的含量占 25%，硬质点的分布较密集，因此，在刀具磨损表面形成了较深较密的沟纹。

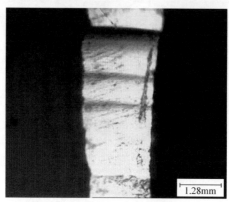

(a) 主后刀面上的磨料磨损

(b) 副后刀面上的磨料磨损

图 3.4　YG6X 钻头加工 $ZrO_2/75\%CePO_4$ 的磨料磨损

2) 黏结磨损

切削时，工件与刀具之间存在着很大的压力和强烈的摩擦，产生了大量的热，如果这些热量得不到及时散发，就会产生局部高温、熔融，发生黏结磨损[3,4]。加工 $ZrO_2/CePO_4$ 的钻头，其 SEM 照片显示主切削刃被严重磨损成为钝圆状（图 3.5(a)中箭头 1），一些小瓷片镶嵌在钻头表层，并粘有许多颗粒状的切屑。试验后的钻头在稀 HCl 溶液中经超声波清洗 15min，这些物质仍然附着在其中，说明结合比较牢固。在钻削加工过程中，钻头在半封闭的条件下工作，而 $ZrO_2/CePO_4$ 材料的热导率很低，本试验是在无冷却情况下进行的，长时间强烈的干摩擦和交变的轴向压力致使刀头温度迅速升高、局部熔融（图 3.5(a)中箭头 4），一些块状的小陶瓷材料镶嵌在其中（图 3.5(b)中箭头），并黏附了许多切屑（图 3.5(a)中箭头 3）。由于 $ZrO_2/CePO_4$ 材料性能比较稳定，钻削时的温度一般低于 1300℃,在刀具与工件之间发生化学变化的可能性不大,因而形成了机械黏结磨损。

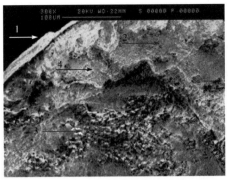

(a) 钻头磨损总观

(b) (a)中箭头4处的局部放大

图 3.5　硬质合金钻头加工 $ZrO_2/CePO_4$ 时的黏结磨损

3) 氧化磨损

在加工后期,由于刀具剧烈磨损,切屑中出现了一种黑色粉末,退刀后刀头表面颜色发黑。SEM 照片显示刀具已破损。当温度高于 800℃时,硬质合金中的 WC 分解为 W 和 C[4,5]。由于陶瓷材料自身的特性,在本试验条件下,刀头温度升高很快,温度达到 800℃是很容易的,而钻头表面与少量空气接触形成氧化磨损。在 2% HCl 溶液中经超声波清洗 15min,钻头表面形成了一些蜂窝状疏松组织(图 3.6),其中的孔洞就是氧化物与 HCl 溶液发生反应后所形成的。

3.1.3　刀具磨损的影响因素

1. 刀具材料对刀具磨损的影响[2]

在 $ZrO_2/CePO_4$ 陶瓷材料钻削过程中,各刀具参数和切削用量对刀具磨损均可产生一定影响。试验表明,刀具材料对刀具磨损的影响较为显著。如图3.7

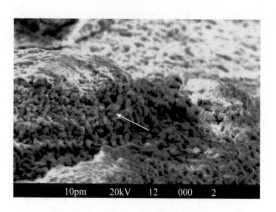

图 3.6　主后刀面上的蜂窝状组织

所示,用高速钢刀具钻削 $ZrO_2/CePO_4$ 陶瓷材料时,加工初期阶段,刀具磨损量增长迅速,加工时间为 29s 时,刀具磨损量为 0.095mm;加工到 112s 时,刀具磨损量为 0.13mm。随着加工的进行,切削刃被迅速磨钝,钻削加工无法继续进行。硬质合金刀具钻削 $ZrO_2/CePO_4$ 陶瓷材料时,加工时间为 43s 时,刀具磨损量为 0.02mm,加工时间为 847s 时,刀具最大磨损量为 0.095mm,切削刃被磨钝。

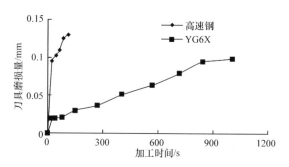

图 3.7　高速钢与硬质合金刀具的磨损

　　图 3.8 为高速钢钻头加工 $ZrO_2/CePO_4$ 陶瓷材料时的初期磨损形貌。在加工过程中,高速钢钻头在材料去除量很小(一个孔尚未完成)时,主后刀面和横刃处磨损量迅速增加,随着加工继续进行,钻头发生了严重的塑性变形,刀具迅速失效。图 3.9 为高速钢钻头加工 $ZrO_2/CePO_4$ 陶瓷材料时的后期磨损形貌。

　　在本试验条件下,钻削加工 $ZrO_2/75\%CePO_4$ 陶瓷时,刀具磨损量的临界值约为 0.095mm,若以此后刀面磨损量为磨钝标准,高速钢刀具持续时间约为 29s,硬质合金刀具持续时间约为 847s(图 3.7)。由此说明,高速钢刀具不适于 $ZrO_2/Ce-PO_4$ 陶瓷材料的钻削加工。

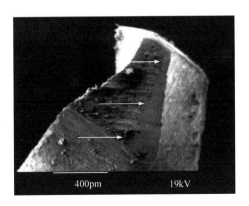

图 3.8　高速钢钻头加工 $ZrO_2/CePO_4$ 陶瓷材料时的初期磨损形貌

图 3.9　高速钢钻头加工 $ZrO_2/CePO_4$ 陶瓷材料时的后期磨损形貌

2. 钻头顶角对刀具磨损的影响[2]

钻削 $ZrO_2/CePO_4$ 陶瓷时,硬质合金刀具磨损受众多因素的影响,其中,刀具角度(如钻头顶角 φ、主偏角 κ_r、进给前角 γ_f 等)、冷却条件的影响较为显著。试验数据通过单因素试验法获得,工艺参数如表 3.1 所示。

表 3.1　单因素试验的工艺参数

序号	顶角 φ	切深前角 γ_p	冷却液	前角 γ_f
1	$50°\sim146°$	$-7°\pm2°$	无	$22°\pm1°$
2	$123°\pm3°$	$-7.5°/-6°$	无/有	$22°\pm1°$
3	$123°\pm3°$	$-2°/-12°$	无/有	$22°\pm1°$

因为主偏角 $\kappa_r=\varphi/2$,进给前角 $\gamma_f=\omega$,而螺旋角 ω 在钻头出厂时已经确定[6],

所以,本节只讨论当材料去除量相同(27.76mm³)时,顶角 φ 对刀具磨损的影响。

图 3.10 显示出钻头顶角 φ 对刀具磨损量的影响。钻头顶角 $\varphi=75°\sim130°$ 时,刀具磨损量保持在较低水平,在这一角度范围内,基本可以保证主切削刃全长参与切削,因而抗磨损能力较强,磨损量较小。

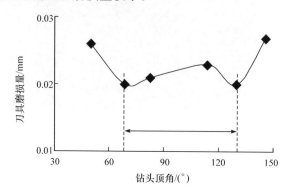

图 3.10　钻头顶角对刀具磨损量的影响

当顶角 $\varphi<75°$ 或 $\varphi>130°$ 时,刀具磨损量都有明显的增加。当 $\varphi<75°$ 时,刀具磨损从横刃开始,沿主切削刃向刀尖延伸,横刃及靠近横刃端点的主切削刃磨损比较严重,说明横刃起主要切削作用。当 $\varphi>130°$ 时,刀具磨损从刀尖开始,沿主切削刃向横刃端点延伸,靠近刀尖处的主切削刃磨损比较严重,说明刀尖起主要切削作用。以上两种情况都是部分切削刃参与工作,因此刀具磨损比较严重。

此外,由图 3.10 分析可知,刀具最大磨损量 $VB_{max}=0.027mm$,最小磨损量 $VB_{min}=0.02mm$,两者相差 0.007mm,仅相当于刀具磨钝标准(0.095mm)的1/14。由此可见,刀具磨损量受钻头顶角 φ 的影响并不非常显著。但选择适当的钻头顶角,仍可以以较少的刀具磨损,获得较高的加工效率。

3. 冷却条件对刀具磨损的影响[2]

钻削 $ZrO_2/CePO_4$ 陶瓷时,冷却条件对硬质合金刀具磨损的影响较为显著。图 3.11 给出了冷却条件对刀具磨损量的影响。当材料去除量相同(27.76mm³)时,无冷却情况下,刀具磨损量为 0.02mm,而在水冷却情况下,刀具磨损量仅为 0.001mm,前者是后者的 20 倍。

在钻削加工过程中,钻头在半封闭的条件下工作,而 $ZrO_2/CePO_4$ 材料的热导率很低,长时间强烈的摩擦和交变的轴向压力,产生大量钻削热,如果这些热量得不到及时散发,将导致钻头的温度迅速升高,刀具切削性能降低,切削能力下降,磨损较为严重。在有冷却的情况下,冷却液带走了切削过程中所产生的部分热量,钻头温升较慢,在一定程度上保持了切削性能,因此磨损量减小。这一试验结果恰好

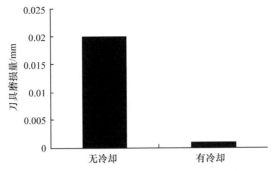

图 3.11　冷却条件对刀具磨损量的影响

印证了图 3.1 中 $ZrO_2/CePO_4$ 陶瓷材料在加工初始阶段,钻头磨损量与低碳钢接近,而加工后期阶段钻头磨损量明显高出低碳钢这一现象。因为在初始钻削阶段,两者的温度条件相近,刀具的切削能力相同,表现为较高的加工效率和较低的刀具磨损率;而后期阶段,由于钢材的导热性能优于 $ZrO_2/CePO_4$ 陶瓷材料,较好地保持了刀具的切削性能,因而钻头磨损量增加较慢,而加工 $ZrO_2/CePO_4$ 陶瓷的钻头磨损量则快速增加。

3.2　氟金云母陶瓷钻削加工中的刀具磨损

尽管可以切削加工可加工陶瓷材料,但仍具有一定的加工难度,存在边缘易崩裂、刀具易磨损等现象。探索低成本、高效率的加工方法和加工工艺,解决刀具磨损快、加工质量差等问题,已成为当前亟须解决的课题。一般地,刀具磨损随材料去除的增加而增加。而获得较高的加工效率和较小的刀具磨损率,对机加工生产意义重大。因此,要综合考虑材料去除与刀具磨损两方面的因素,以评价材料的加工性能和工具性能,进而寻求较为合适的加工工艺参数。为此,作者以刀具磨损变化量与其相应的材料去除体积变化量的比值(VB/V)作为刀具磨损率,即单位材料去除体积的刀具磨损量(m/dm^3),并以此作为考查对象。通过硬质合金刀具和高速钢刀具对氟金云母可加工陶瓷材料的钻削试验,分析其加工效率和刀具磨损规律及其影响因素,讨论刀具材料、冷却条件、切削速度、钻头顶角等因素对刀具磨损的影响[7]。

3.2.1　刀具磨损过程

图 3.12 给出了无冷却条件下硬质合金钻头磨损特性曲线。在加工初始阶段,刀具磨损率(曲线斜率)较高,持续的时间较短,此时锋利的切削刃被迅速磨钝,说明磨损比较剧烈。随后曲线斜率虽然有所下降,但降低幅度不大,一直持续加工到42min,在整个加工阶段刀具磨损率保持了较高的水平,与金属材料的经典磨损理

论存在差异[8]。

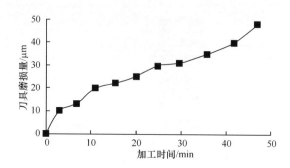

图 3.12　无冷却条件下钻头磨损量特性曲线[8]

　　虽然氟金云母陶瓷可以加工,但它仍属于硬脆性难加工材料,所以加工过程中刀具磨损率较高。图 3.13 给出了加工两种材料的硬质合金钻头磨损过程曲线。由图可见,加工低碳钢时,刀具的磨损率(曲线斜率)相对平稳;而加工氟金云母玻璃陶瓷时,在初始阶段,刀具磨损率较高,此时锋利的切削刃被迅速磨钝,说明刀具的磨损比较剧烈,随后曲线斜率虽然有所下降,但降低幅度不大,一直持续加工到 35min 后曲线斜率开始增大,说明刀具磨损开始变得剧烈。在整个加工阶段,相对于 25# 低碳钢,加工氟金云母玻璃陶瓷的刀具磨损率始终保持较高水平[9]。

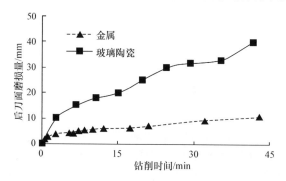

图 3.13　加工两种材料的硬质合金钻头的磨损量曲线[9]

3.2.2　刀具磨损形态

　　图 3.14 为硬质合金钻头主后刀面、副后刀面和横刃的磨损形貌。加工过程中主切削刃主要参与切削,因此在主后刀面形成了明显的磨损带(图 3.14 中箭头1)。SEM 照片显示,钻头第一副后刀面上形成了光滑的磨损带(图 3.14 中箭头2),表明存在副后刀面的磨损,其表面磨痕在低倍(×100)显微镜下便可以清晰观察到。加工氟金云母陶瓷之后的钻头,其头部直径发生了变化,测量加工前钻头直径为 1.5mm,加工后钻头直径为 1.485mm,而加工低碳钢的钻头直径仍为

1.5mm。这是因为钻削氟金云母陶瓷材料时,钻头磨损速度较快,副切削刃实际起到了扩孔的作用,在直径方向上尺寸减小,所以第一副后刀面受到磨损,这是氟金云母陶瓷钻削有别于金属切削的主要特征之一[9]。

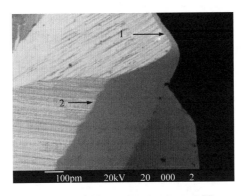

图 3.14　硬质合金钻头磨损形貌[9]

图 3.15 为高速钢钻头加工氟金云母陶瓷时刀具磨损形貌的显微照片,刀具磨损主要发生在主后刀面和横刃处。图中箭头 1 指出了钻头主后刀面磨损,箭头 2 指出了横刃磨损。在材料去除量很小(一个孔尚未加工完成)时,主后刀面所形成的明显的沟纹和宽而长的磨损带,表明其磨损比较严重。因为材料去除量较小,副切削刃尚未参与切削,所以副后刀面没有磨损痕迹[8]。

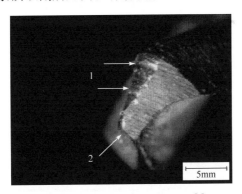

图 3.15　高速钢钻头磨损形貌[8]

3.2.3　刀具磨损的主要原因

1. 刀具磨损型式及其原因[9]

在钻削氟金云母陶瓷过程中,刀具磨损的主要型式有磨料磨损、黏结磨损。

1) 磨料磨损

图 3.16 和图 3.17 为硬质合金钻头磨料磨损的 SEM 照片。钻头磨损面显示

出密集的犁沟状磨痕,是由硬度较高的氟金云母陶瓷晶粒与钻头表面摩擦接触所形成的划痕,属于典型的磨料磨损。图 3.16 中箭头 1 所示为主后刀面的磨料磨损,箭头 2 所示为副后刀面磨料磨损。在氟金云母材料中,类似天然云母晶体的层片状结构使其可以加工去除,但是该材料的硬度(HV＝800～950MPa)仍然较高,与 YG6X 型硬质合金钻头的硬度(HRC78)相当,在刀具与材料之间的摩擦面上起到了耕犁的作用,因此刀具磨损表面形成了沟纹。钻头的主切削刃主要参与切削作用,主后刀面承受大部分切削阻力,摩擦作用较为突出,而副后刀面的摩擦作用主要来自孔壁和切屑,所以,副后刀面磨痕的深度和密度都不及主后刀面。

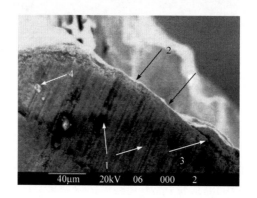

图 3.16　YG6X 钻头主后刀面形貌

图 3.17　YG6X 钻头副后刀面形貌

　　氟金云母材料的玻璃基体中含有随机交错的层片状云母晶体,材料的组织结构和硬度不均匀,在这种情况下容易发生硬质合金刀具的崩刃现象。硬质合金刀具材料的抗拉强度以及抗弯强度和韧性较低,例如,YG6 刀具的抗弯强度为 1.40GPa,冲击韧性为 26kJ/m²。硬质合金刀具材料的组织结构不均匀,容易存在各种缺陷,同时在刀具制造过程中刃磨产生的残余应力对刀具破损有相当大的影响,以及切削沿切削刃分布的不均匀性均会引起切削刃崩刃的发生。钻头每次切入和切出工件材料形成断续切削。而断续切削时刀具破损的可能性比连续切削大得多,因为切入工件时钻头的受力情况通常大于稳定钻削过程,切入时刀具的受力情况变得恶化,容易发生钻头崩刃的现象。同时,氟金云母玻璃陶瓷的热导率较低,刀具钻削时是在半封闭环境中工作,导致钻头温度较高。当钻头退出工件,准备下一次切削的工艺过程中,刀具表面又受到冷却。因此,钻头的切入与退出,使刀具切削部位表面周期加热与冷却,表面下的温差会形成热应力。交变的应力使厚度较小的切削刃因疲劳而出现剥落(图 3.16 中箭头 3)。如果继续加工,部分主切削刃将从裂纹处剥离(图 3.16 中箭头 2)。因此,氟金云母材料组织和硬度的不均匀性、硬质合金刀具材料的脆性和缺陷以及钻头每次的切入和切出工件材料形成的断续切削,导致产生硬质合金钻头的崩刃现象[9]。

　　2) 黏结磨损

　　在切削过程中,较大的压力和强烈的摩擦致使局部过热,常常发生黏结磨损[3]。钻削氟金云母陶瓷时,交变的轴向压力和强烈的干摩擦产生了大量的切削热。因为材料热导率($\lambda = 2.1 W/(m \cdot K)$)较低,仅相当于 45# 钢($\lambda = 52.34 W/(m \cdot K)$)的1/25,同时钻头在半封闭、无冷却的条件下切削,工作环境比较恶劣等,使得这些热量得不到及时散发,导致钻头温度急剧升高且各部位温度分布很不均衡,在靠近主切削刃的高温区域黏附了一些块状、颗粒状的陶瓷材料。当温度达到 800℃时,氟金云母陶瓷中的玻璃相将开始软化[4],因此一些小的陶瓷材料黏附在钻头表面(图 3.16 中箭头 4),同时一些陶瓷颗粒也黏附在主后刀面磨损带附近(图 3.18)。加工后的钻头经超声波清洗 20min 后,这些物质仍然黏附其中,说明结合比较牢固。

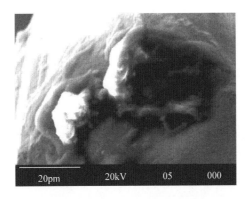

图 3.18　钻头主后刀面黏结现象

　　通过能谱分析证明主后刀面黏着物为玻璃陶瓷材料。图 3.19 为刀具表面黏着物的电子探针微区分析结果,其中 Mg、Si、F、K 和 O 均为玻璃陶瓷材料的成分,

而 W 和 C 则为 YG6X 型硬质合金刀具的主要成分。加工后的钻头经超声波清洗
20min 后,钻头表面仍然可以观察到黏着现象,说明玻璃陶瓷材料与刀具结合得比
较牢固[9]。

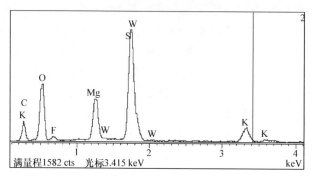

(a) 刀面磨损表面黏着物能谱分析结果

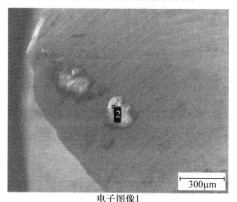

电子图像1

(b) 主后刀面磨损表面黏着物及位置

图 3.19　主后刀面磨损表面黏着物的 EDS 图谱

2. 刀具破损型式及其原因[9]

硬质合金钻头失效主要是由刀具破损而引起的。刀具失效的型式有切削刃裂
纹与剥离、切削刃崩碎。

1) 切削刃裂纹与剥离

图 3.16 中,箭头 3 指出了钻头主后刀面上的裂纹,箭头 2 指出了主切削刃剥
落后的钻头形貌。当刀具承受交变的机械载荷和热负荷时,切削部分表面因反复
热胀冷缩,不可避免地产生交变的热应力,从而使刀片发生疲劳而开裂[3]。在钻削
过程中,由于固定外加配重采用杠杆施压的方法,钻头实际获得的轴向压力是交变
的,正因如此,钻头与工件之间的摩擦力是周期性变化的,所产生的切削热也是交
变的,再加上氟金云母陶瓷的热导率较低,在无冷却条件下,钻头在半封闭环境中

工作,更加剧了切削热的变化幅度,冲击性的机械应力和冲击性的热应力使得主切削刃周围温度变化较大,反复热胀冷缩,厚度较小的切削刃因疲劳而出现裂纹(图 3.16 中箭头 3)。如果继续加工,部分主切削刃将从裂纹处剥离(图 3.16 中箭头 2),从而丧失了切削能力。

2) 切削刃崩碎

图 3.17 中箭头 1 和图 3.20 中箭头处分别显示出钻头副切削刃、主切削刃处的崩碎现象。切削刃崩碎一般发生在切削材料组织、硬度不均匀工件的情况下,它将导致刀具完全丧失切削能力而终止工作。受材料制备工艺的局限、氟金云母陶瓷材料组织是不均匀的、刀具与工件两种材料硬度相当,以及钻削过程中交变的切削力等,钻头实际受到的切削阻力是不恒定的,这些机械冲击都容易引起切削刃崩碎,再加上硬质合金组织的自身缺陷,更加剧了上述现象的发生。图 3.20 为主切削刃的剧烈崩碎,约占主切削刃长度的 1/2,在主后刀面形成了大面积的凹坑。在钻削氟金云母陶瓷过程中,切削刃崩碎是比较常见的现象,它不仅发生在主后刀面,在副后刀面上也比较频繁。图 3.17 中箭头 1 所示为副切削刃崩刃。

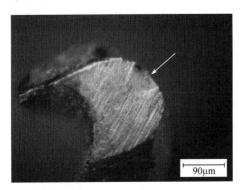

图 3.20　YG6X 钻头主切削刃崩碎

3.2.4　刀具磨损的影响因素

1. 刀具材料对刀具磨损的影响[7]

在氟金云母陶瓷钻削加工过程中,刀具材料是影响刀具磨损的关键因素之一。

图 3.21 为两种刀具切削过程中的刀具磨损率变化曲线(其加工工艺条件如表 3.1 所示)。在无冷却情况下,高速钢钻头加工 5s 时,就发生了严重的塑性变形(刀刃卷曲),主后刀面发生了严重的磨料磨损。为避免失效,采用 3000r/min 的较低转速同时加水冷却,只能持续 20s,其磨损形态为正常磨料磨损。由于其加工持续时间很短,刀具使用寿命极低,所以图 3.21 中高速钢钻头磨损率尚未延伸成直线状态,而是形成一点。而硬质合金钻头持续加工 42min 时,刀具磨损量仅为

0.04mm,尚未达到磨钝标准(根据试验结果,刀具的磨钝标准为 0.095mm[2]),其刀具磨损率为 $2.57 \times 10^{-2} \mu m/mm^3$,刀具磨损率曲线基本水平,说明仍处在稳定加工阶段,加工仍然可以继续。因此,在氟金云母陶瓷加工中,对比两种刀具试验结果可知,硬质合金钻头的试验结果较好,因此宜选用硬质合金钻头刀具[7]。

因此,在氟金云母陶瓷钻削加工过程中,刀具材料性能是影响刀具磨损的关键因素,高速钢刀具无法满足氟金云母陶瓷加工的需要。

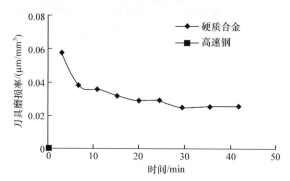

图 3.21　刀具材料对刀具磨损率的影响

2. 冷却条件对刀具磨损的影响[7]

在氟金云母陶瓷钻削加工过程中,冷却条件是影响刀具磨损的重要因素之一。图 3.22 和图 3.23 给出了在自来水、自制冷却液和无冷却三种不同冷却方式下,刀具磨损率所受影响的对比关系曲线。

在无冷却条件下,刀具磨损率的最大值和最小值分别为 $11.25 \mu m/min$ 和 $2.69 \mu m/min$,分别是自制冷却液下的 11 倍和 3 倍(图 3.22),说明温度条件主要影响切削过程。在加工过程中,钻头在半封闭条件下工作,长时间强烈的干摩擦和交变的轴向压力使得产生了大量的热。而氟金云母陶瓷的热导率较低,致使钻头的温度不断升高,强度降低,抗磨损能力减弱,因而磨损率较高。

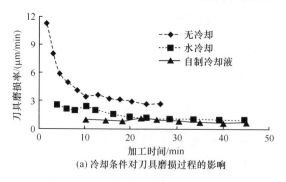

(a)冷却条件对刀具磨损过程的影响

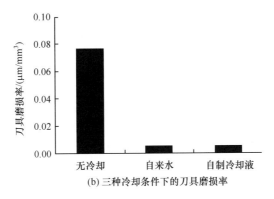

(b) 三种冷却条件下的刀具磨损率

图 3.22 三种冷却条件对刀具磨损率影响的比较

在自来水冷却条件下,刀具磨损率的最大值和最小值分别为 $2.56\mu m/min$ 和 $0.94\mu m/min$,分别是自制冷却液条件下的 2.5 倍和 1.4 倍(图 3.23),此时冷却液带走了大部分切削热,抑制了钻头温度的过度升高,使得钻头强度得到保持、抗磨损能力增强,因而刀具磨损率有所降低。

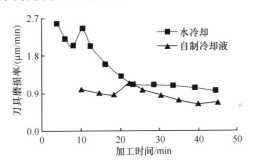

图 3.23 两种冷却条件对刀具磨损率影响的比较

采用自行配置的冷却液时,刀具磨损率的最大值和最小值均保持了最低水平,分别为 $1\mu m/min$ 和 $0.69\mu m/min$。自配置的冷却液中含有冷却剂、润滑剂和防锈剂。因为处在工件和刀具之间的润滑剂润滑了刀具表面,保护了切削刃,而且含有冷却剂的冷却液的导热能力较强,所以,选用此种冷却液可使刀具的磨损率达到最低。

综上所述,钻削氟金云母陶瓷时,采用性能优良的冷却液,在刀具磨损率较小时,可以获得较高的加工效率[7]。

3. 切削速度对刀具磨损的影响[7]

在切削加工过程中,刀具磨损的主要原因是刀具与工件之间产生摩擦作用,而材料去除的主要原因是刀具对工件的切削作用。切削用量三要素对材料去除和刀具磨损均可产生一定影响,其中切削速度对刀具使用寿命影响最大[6],也就是说对刀具磨损的影响最大。图 3.24 为钻床主轴转速(钻床主轴转速以直流稳压电源调节控制)对刀具磨损率的影响,图中曲线形状是一条开口向上的抛物线段。

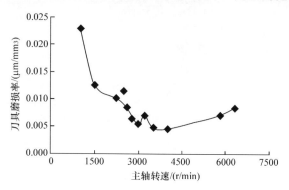

图 3.24　钻床主轴转速对刀具磨损率的影响

当 $n<3000\text{r/min}$ 时,刀具磨损率随主轴转速的增大而减小。这与金属切削加工中刀具磨损的 l_m-v_c 驼峰曲线规律相一致。在本试验确定的条件下,固定了钻床轴向压力,试验中钻孔数目及深度相同(即材料去除量相同)。当主轴转速较低时,切削时间较长,同样刀具与工件间的摩擦作用时间较长。由于在低转速加工中,钻头扭矩较大,材料对钻头的反作用力同时较大,摩擦作用强度较大,因此刀具磨损量较大,刀具磨损率较高。随着主轴转速的增大,切削时间减小,摩擦作用时间减少,摩擦作用强度因钻头扭矩下降而减弱,刀具磨损量减小,而材料去除量相同,所以,刀具磨损率随主轴转速升高而降低。

当 $n=3000\text{r/min}$ 时,刀具磨损率达到最低值。

当 $n>4000\text{r/min}$ 时,刀具磨损率随主轴转速的增大而增大。一般地,主轴转速升高,钻头扭矩及切削力减小,材料对刀具的反作用力也随之减小。由于氟金云母陶瓷材料的特殊性,组织内部分布着一些硬质点,在主轴转速较高时,由于钻头的切削力较小,钻头因硬质点的反切削作用而严重损伤,磨损加剧。相对于刀具磨损的快速变化,材料去除量并未发生变化,所以刀具磨损率随主轴转速的增大而增大。试验过程表明,随着主轴转速的增加,机床振动加剧,从而加剧了刀具磨损,在以上两种因素的共同作用下,此时的刀具磨损率曲线呈上升趋势。当 $n>6300\text{r/min}$ 时,严重的机床振动使加工无法进行。

综合考虑刀具磨损和材料去除两方面的因素,当 $n=3000\sim4000\text{r/min}$ 时,刀具磨损率最小且保持基本恒定,此阶段是钻削加工氟金云母陶瓷的临界转速范围。此时,刀具磨损率相对较低,材料去除率相对较高,钻削加工中的刀具损耗和生产效率都比较理想,经济性最好,是氟金云母陶瓷钻削加工的适宜范围[7]。

4. 钻头顶角对刀具磨损的影响[8]

图 3.25 给出刀具磨损率与钻头顶角之间的关系曲线,由图可知,随钻头顶角的增加,曲线经历了平稳、激增两个阶段。

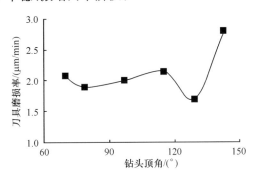

图 3.25　刀具磨损率与钻头顶角之间的关系

当钻头顶角 $\varphi=79°\sim115°$(平稳磨损阶段)时,刀具磨损率曲线近似直线段,最大值与最小值之差仅为 $0.04\mu m/min$,表明钻头顶角对刀具磨损率影响不大。

当钻头顶角 $\varphi=115°\sim143°$(激增磨损阶段)时,刀具磨损率突然增大,试验过程表明,当钻头顶角 $\varphi=143°$ 时,切屑中出现黑色粉末、崩块,说明较大的钻头顶角不适于氟金云母陶瓷切削加工。

钻头主切削刃长度随顶角的增大而减小,当钻床轴向压力一定时,主切削刃上的应力分布将随之增大,切削能力加强,刀具磨损也在加快,当钻头顶角超过某一临界值后,切削过程主要表现为刀具磨损,曲线呈激增趋势。

3.3　氟金云母陶瓷车削加工中的刀具磨损

可加工陶瓷材料的切削加工中存在边缘易崩裂、刀具易磨损等现象,加工质量不易保证,因此解决刀具磨损、提高加工质量等问题已成为可加工陶瓷工程应用中亟须解决的课题。目前,相关研究工作主要集中在材料制备及其性能优化上,而对于材料加工性能方面系统的研究报道较少。因此,开展材料加工技术、工具技术的研究,探索高效率、低成本的可加工陶瓷机械加工工艺具有重要的现实意义。

本节以氟金云母可加工陶瓷为试验材料,分别用高速钢刀具、硬质合金刀具、陶瓷刀具对其进行车削加工,分析刀具磨损规律,讨论刀具材料、冷却条件等因素对刀具磨损的影响,并通过电子显微镜观察刀具磨损形态[10]。

3.3.1　刀具磨损过程[10]

图 3.26 给出无冷却条件下硬质合金刀具磨损量特性曲线。其刀具磨损过程与金属切削中刀具磨损过程相类似，可以划分为三个阶段：初期磨损阶段、稳定磨损阶段和过度磨损阶段。

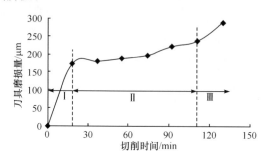

图 3.26　无冷却条件下刀具磨损量特性曲线

在加工初始阶段（图 3.26 中 Ⅰ 段），刀具磨损率（曲线斜率）较高，持续的时间较短，此时锋利的切削刃被迅速磨钝，磨损比较剧烈。

在稳定磨损阶段（图 3.26 中 Ⅱ 段），刀具磨损率明显降低，持续的时间较长，由于前期的刀具磨损，切削刃上的刃磨缺陷消失，切削刃厚度有所增加，抗磨损能力增强，所以磨损率较小。

在过度磨损阶段（图 3.26 中 Ⅲ 段），刀具磨损率再度增加，此时由于刀具磨损已经相当严重，切削刃厚度增大，切削能力下降，切削行为主要体现为刀具磨损，因此磨损率进一步增大。

与金属材料相比，氟金云母陶瓷虽然可以加工，但仍属于硬脆性难加工材料，其加工过程中刀具磨损率保持了较高的水平，持续加工时间较短。

3.3.2　刀具磨损的影响因素

1. 刀具材料对刀具磨损的影响[10]

图 3.27 和图 3.28 分别给出了无冷却条件下高速钢刀具、硬质合金刀具和陶瓷刀具的磨损率对比曲线，其试验条件如表 3.2 所示。

表 3.2　单因素试验条件（刀具材料）

刀具材料	刀具角度	试验条件
YW		
W18Cr4V	$\gamma_0 = -2°\pm1°, \alpha_0 = 6°\pm1°, \kappa_r = 81°\pm3°,$ $\kappa_r' = 9°\pm1°30', \lambda_s = 5°\pm1°$	$n = 150\text{r/min}, a_p = 0.3\text{mm},$ $v_f = 1.5\text{mm/min}, $无冷却
Si_3N_4		

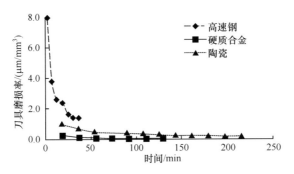

图 3.27　三种材料刀具磨损率曲线

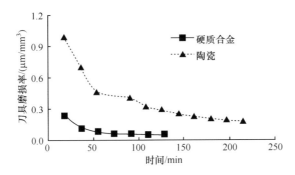

图 3.28　两种材料刀具磨损率曲线

在无冷却条件下,高速钢刀具磨损率较高,约相当于陶瓷刀具的 8 倍,持续加工时间较短(37min),只相当于陶瓷刀具的 1/7,随着加工的进行,高速钢刀具磨损相当严重,切削深度不断减小,被加工表面形成了明显的锥体。

图 3.28 给出了无冷却条件下硬质合金和陶瓷刀具磨损率对比曲线。曲线的总体趋势是磨损率随加工的进行而减小。在初期磨损阶段,刀具磨损率较高,下降较快,加工持续的时间较短。在后期磨损阶段,刀具磨损率较低,但下降较慢,加工持续的时间较长,是切削作用的主要阶段。

从曲线的趋势来看,硬质合金刀具比陶瓷刀具的磨损率还低,但其加工持续的时间较短,仅相当于陶瓷刀具的 1/2,而陶瓷刀具还没有达到磨钝标准,仍然具备继续加工的能力。

在氟金云母陶瓷车削加工过程中,刀具材料性能是影响刀具磨损的关键因素。高速钢刀具无法满足氟金云母陶瓷加工的需要。而硬质合金刀具,由于加工持续的时间较短,切削效率较低,并不是理想的刀具。

2. 冷却条件对刀具磨损的影响[10]

在氟金云母陶瓷车削加工过程中,冷却条件(试验条件如表 3.3 所示)是影响刀具磨损的重要因素之一。图 3.29 给出了刀具磨损率在无冷却和自来水冷却条件下的试验结果。

表 3.3　单因素试验条件(冷却条件)

冷却方式	试验条件
无冷却	Si_3N_4 刀具:$\gamma_0=-5°,\alpha_0=8°,\kappa_r=76°18',\kappa_r'=14°,\lambda_s=10°$
自来水冷却	$n=150r/min,a_p=0.3mm,v_f=1.5mm/min$

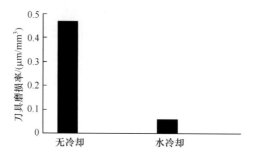

图 3.29　冷却条件对刀具磨损率的影响

在无冷却条件下,刀具磨损率为 $0.47\mu m/mm^3$,而自来水冷却时刀具磨损率为 $0.059\mu m/mm^3$,约是无冷却时的 1/8,说明温度条件主要影响切削过程。由于加工过程中,刀具的工作条件较差,长时间干摩擦产生了大量的热,而氟金云母陶瓷的热导率较低,致使刀具的温度不断升高,强度降低,抗磨损能力减弱,因而磨损率较高。

自来水冷却时,冷却液带走了大部分切削热,抑制了刀具温度的过度升高,使得刀具强度得到保持,抗磨损能力增强,因而刀具磨损率有所降低。

3. 切削速度对刀具磨损的影响

在机械加工过程中,切削速度是影响切削过程的重要指标之一(试验条件如表 3.4 所示),切削速度的选择直接关系到加工效率、刀具磨损、加工表面质量等。

表 3.4　单因素试验条件(主轴转速 n)

主轴转速 $n/(r/min)$	试验条件
150,200,250, 300,350,400	$a_p=0.3mm,v_f=1.5mm/min,无冷却$ Si_3N_4 刀具:$\gamma_0=-5°,\alpha_0=8°,\kappa_r=76°18',\kappa_r'=14°,\lambda_s=10°$

在氟金云母陶瓷车削加工过程中,切削速度对刀具磨损的影响如图 3.30 所示,刀具磨损率随主轴转速的增大而增大。

当 $n<150\text{r/min}$ 时,由于主轴转速较低,切削力矩较小,因而磨损率较小,但是此时的材料去除率很低,因而不具有实用价值。

当 $n=150\sim250\text{r/min}$ 时,此阶段刀具磨损率随主轴转速变化较小,而刀具的切削能力较强,是进行切削加工较适宜的速度范围。

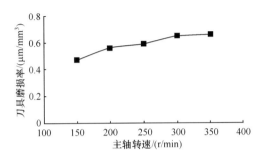

图 3.30　切削速度对刀具磨损率的影响

在端面车削过程中,当 $n=250\text{r/min}$ 时,刺耳的摩擦声开始出现;当 $n=300\text{r/min}$ 时,加工初期在刀具与工件接触部位出现炽白色火焰,火焰消失后出现刺耳的摩擦声,加工结束观察刀具表面产生了崩刃现象;当 $n=400\text{r/min}$ 时,加工无法继续进行;$n>250\text{r/min}$ 时,由于主轴转速较高,切削力矩较大,因而摩擦作用增大。刀具快速磨损是其主要表现,这是因为切削作用力较大致使机床振动加剧,从而导致了上述现象的发生。

4. 切削深度对刀具磨损的影响

图 3.31 给出了刀具磨损率与切削深度之间的关系曲线,曲线近似成抛物线状(试验条件见表 3.5)。

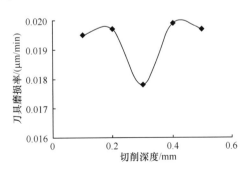

图 3.31　刀具磨损率与切削深度之间的关系

表 3.5 单因素试验条件(切削深度 a_p)

切削深度 a_p/mm	试验条件
0.1,0.2,0.3,	$n=150\text{r/min},v_f=1.5\text{mm/min}$,无冷却
0.4,0.5	Si_3N_4 刀具: $\gamma_0=-5°,\alpha_0=8°,\kappa_r=76°18',\kappa_r'=14°,\lambda_s=10°$

试验结果表明,当切削深度 $a_p=0.3\text{mm}$ 时,刀具磨损率最小。试验过程表明,当切削深度较大时,在高速切削区域(即端面车削时靠近外圆柱面的部分)有明显的摩擦声,当 $a_p=0.5\text{mm}$ 时,加工表面质量开始变差。

5. 进给速度对刀具磨损的影响

对于机械加工生产,生产成本和加工质量是生产部门首要考虑的根本因素,以最小的刀具磨损率获得最大加工效率是其最终目的。所以要综合考虑材料去除与刀具磨损率两方面的因素,来考察进给速度 v_f 对刀具磨损率的影响。如图 3.32 所示,进给速度对刀具磨损率的影响呈一余弦曲线。其试验条件如表 3.6 所示。

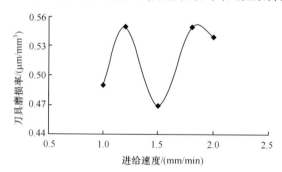

图 3.32 进给速度对刀具磨损率的影响

表 3.6 单因素试验条件(进给速度 v_f)

进给速度 v_f/(mm/min)	试验条件
0.5,0.8,1.0,	$n=150\text{r/min},a_p=0.3\text{mm}$,无冷却
1.2,1.5,1.8,2.0	Si_3N_4 刀具: $\gamma_0=-5°,\alpha_0=8°,\kappa_r=76°18',\kappa_r'=14°,\lambda_s=10°$

进给速度的变化将引起切削力的变化。一般地,切削力随进给速度的增大而增大,机床系统的刚度条件也将随之变差,进而影响工件表面加工质量。

当进给速度较大时,切削力也较大,切削能力增强,材料去除量较大,但是由于机床系统的刚度条件变差,振动加剧,刀具磨损增大更快,因而刀具磨损率较大。试验结果表明,当进给速度 $v_f=2.0\text{mm/min}$ 时,切削过程开始变得粗暴,并在加工开始时有刺耳的噪声。

当进给速度较小时,相应地切削力也较小,切削能力较弱,材料去除量较小,刀具磨损较小,此时虽然刀具磨损率较小,但因其加工效率较低,对机床利用以及产品生产周期都是不利影响。当进给速度增大时,切削力也开始增大,材料去除量较大,但刀具磨损增大较快,因而刀具磨损率较大。

当进给速度 $v_f = 1.5\text{mm/min}$ 时,在曲线上出现了波谷,说明此时的刀具磨损率最低,进给速度选取相对比较合理,切削力对材料去除与刀具磨损出现了最佳节点。

3.3.3　刀具磨损形态[10]

端面车削氟金云母陶瓷时,刀具磨损主要发生在后刀面和刀尖处。

(1) 高速钢刀具磨损。图 3.33 为高速钢刀具加工氟金云母陶瓷时刀具磨损形貌的 SEM 照片。刀具磨损主要发生在后刀面和刀尖处,图中箭头 1 示出了刀尖处的磨损形貌,箭头 2 示出了刀具主后刀面的磨损形貌。在材料去除量很小时,后刀面便形成宽而长的磨损带,表明其磨损比较严重。

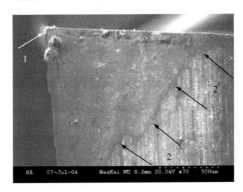

图 3.33　高速钢刀具后刀面磨损形貌的 SEM 照片

(2) 硬质合金刀具磨损。图 3.34 为硬质合金刀具后刀面、刀尖的磨损形貌。端面车削过程中主要是主切削刃参与工作,因此在主后刀面形成了明显的磨损带(图 3.34 中箭头 1),图 3.34 箭头 2 所指为刀尖处磨损。一般地,后刀面磨损从靠近刀尖的主切削刃开始,沿主切削刃逐渐扩展。

(3) 陶瓷刀具磨损。图 3.35 为陶瓷刀具磨损形貌。陶瓷刀具刀尖呈圆弧形,主偏角和副偏角分别为 $\kappa_r = 103°72'$,$\kappa_r' = 14°$,与高速钢和硬质合金刀具($\kappa_r = 95°10'$,$\kappa_r' = 3°30'$)相比偏大,在端面车削过程中主要是刀尖参与工作,因此刀具磨损主要产生在刀尖处(图 3.35(b)中箭头 1)。由于试验过程中加工时间较短,所以刀具磨损面的磨损痕迹并不非常明显,图 3.35(a)示出了未磨损刀具的形貌,以便于对比观察。一般地,后刀面磨损从刀尖处沿圆柱面逐渐向下扩展(图 3.35 中箭头 2)。可见,陶瓷刀具磨损形貌与高速钢和硬质合金刀具的磨损形态不同。

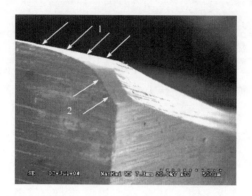

图 3.34　硬质合金刀具磨损形貌

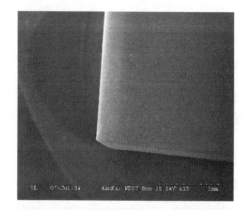

(a) 未磨损刀具

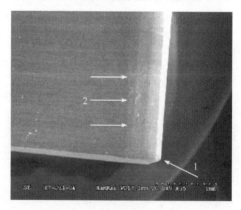

(b) 磨损后刀具

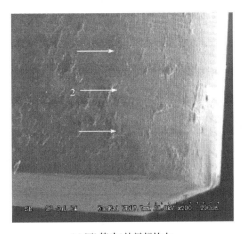

(c)图b箭头1处局部放大

图 3.35 陶瓷刀具磨损形貌

3.3.4 刀具磨损的主要原因

1. 刀具磨损型式及其原因

氟金云母陶瓷车削过程中,刀具磨损的主要型式有磨料磨损和黏结磨损。

1) 磨料磨损

图 3.36 为硬质合金刀具磨料磨损的 SEM 照片。刀具后刀面磨损面显示出犁耕状痕迹,是由于硬度较高的氟金云母陶瓷晶粒与刀具表面摩擦接触所形成的划痕,属于典型的磨料磨损。图 3.36 中箭头 1 所示为后刀面的磨料磨损,箭头 2 所示为刀尖处磨料磨损。图 3.37 为硬质合金车刀在高速切削时的磨损形貌,其磨料磨损的划痕更加显著。当切削用量为 $n=200\text{r/min}, v_\text{f}=2\text{mm/min}, a_\text{p}=0.5\text{mm}$ 时,加工氟金云母陶瓷时,碎屑进溅,在 160 倍显微镜下观察到刀尖损坏。

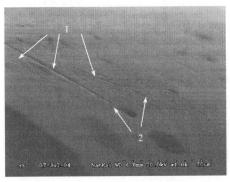

图 3.36 硬质合金刀具后刀面磨料磨损的 SEM 照片

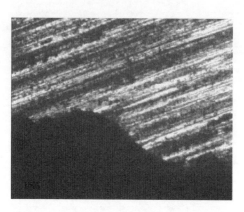

图 3.37　硬质合金刀具高速切削时的磨损

　　氟金云母材料硬度（HRC＝77.5）较大，与 YW 型硬质合金刀具的硬度（HRC＝78）相当，加工过程中，在两者摩擦面间，被加工材料对刀具形成了反切削作用，因而刀具磨损表面形成了沟纹。刀具的主切削刃主要参与切削作用，主后刀面承受大部分切削阻力，摩擦作用较为突出，所以，刀具磨损主要产生在主后刀面。

　　图 3.38 为高速钢刀具磨料磨损的显微照片，其表面划痕清晰可见，犁耕状沟纹更宽、更深，表明其磨损更加严重。这是因为氟金云母陶瓷材料的硬度（HRC＝77.5）比高速钢材料的硬度（HRC＝63）还大，所以刀具磨损的状况更加严重。

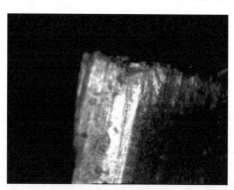

图 3.38　高速钢刀具副后刀面磨损的显微照片

　　图 3.39 为陶瓷刀具磨料磨损的 SEM 照片。尽管 Si_3N_4 材料的硬度高于氟金云母陶瓷，但仍然可见其表面划痕，产生了磨料磨损。

　　以上试验结果表明，在加工氟金云母陶瓷时，磨料磨损是一种普遍存在的现象。其主要原因是氟金云母陶瓷材料的硬度较高，材料中分布的高硬度晶粒对刀具有反切削作用。

图 3.39　陶瓷刀具后刀面形貌的 SEM 照片

2) 黏结磨损

切削过程中,由于较大的切削力和强烈的摩擦致使局部过热,常常发生黏结磨损。端面车削氟金云母陶瓷时,由于刀具与工件之间的相对位置不断发生变化,刀具对工件所施加的力矩并不是恒定的,所以机床系统反作用给刀具的力是交变的,同时由于无冷却条件下切削时的干摩擦作用,因而产生了大量的切削热。由于材料热导率($\lambda = 2.1W/(m \cdot K)$)较低,仅相当于 $45^{\#}$ 钢($\lambda = 52.34W/(m \cdot K)$)的 1/25,这些热量得不到及时散发,导致刀具局部快速升温,在靠近主切削刃的高温区域黏附了一些块状、颗粒状的陶瓷材料。图 3.40 中箭头和图 3.41 中箭头 1 所示为刀具后刀面黏附的陶瓷颗粒,图 3.41 中箭头 2 所示为刀具后刀面黏附的陶瓷粉末。当温度达到 800℃时,氟金云母陶瓷中的玻璃相将开始软化[11],因此一些小的陶瓷材料黏附在刀具表面,同时一些陶瓷颗粒也黏附在主后刀面磨损带附近。加工后的刀具经超声波清洗 20min 后,这些物质仍然黏附其中,说明结合比较牢固。

图 3.40　陶瓷刀具黏结磨损

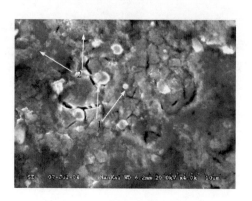

图 3.41　高速钢刀具的黏结磨损

2. 刀具破损型式及其原因

加工氟金云母陶瓷时,刀具失效主要是由刀具破损而引起的。刀具失效的型式有切削刃塑性变形、崩刃、后刀面热裂与后刀面麻点。

(1) 切削刃塑性变形。高速钢刀具加工氟金云母陶瓷时,在很短的时间内刀具就发生了塑性变形,如图 3.42 中箭头 3 所示,沿主切削刃边缘处形成了许多突起和凹陷。图 3.43 为图 3.42 中箭头 3 处的局部放大,SEM 照片表明发生严重塑性变形的表面还黏附了许多陶瓷材料。车削端面时刀具的主偏角较小,因而刀具主后刀面与工件之间的间隙较小,高速钢材料的硬度与氟金云母陶瓷相比较低,刀具磨损很快,在无冷却条件下切削时,受干摩擦作用产生了大量的切削热,而陶瓷材料的热导率较低,导致刀具局部快速升温,强度迅速下降,进而发生了塑性变形。

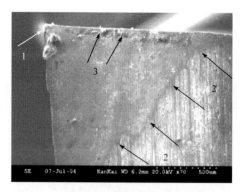

图 3.42　高速钢刀具形貌

(2) 切削刃崩刃与微裂。图 3.44 中箭头所示为陶瓷刀具刀尖处崩刃,图 3.45 中箭头 1 所示为刀具主后刀面的微崩。崩刃一般发生在切削材料组织、硬度不均

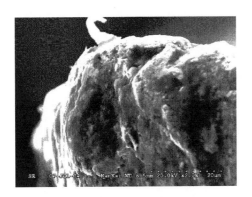

图 3.43 高速钢刀具切削刃塑变

匀工件的情况下。而 Si_3N_4 陶瓷刀具和氟金云母陶瓷材料组织都是不均匀的,刀具与工件两者硬度相当,加工过程中刀具实际受到的切削阻力是不恒定的,这些机械冲击都容易引起切削刃崩碎。图 3.44 为刀尖处崩刃所形成的凹坑。图 3.45 中箭头 1 所示为主后刀面微崩所形成的小凹坑,箭头 2 所示为后刀面处的微裂痕迹。

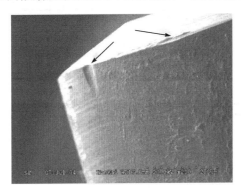

图 3.44 陶瓷刀具崩刃

图 3.45 陶瓷刀具微崩

（3）后刀面热裂与麻点。图 3.46 显示出高速钢刀具主后刀面上的裂纹。图 3.47 中箭头所示为硬质合金刀具主后刀面上的麻点。当刀具承受交变的机械载荷和热负荷时，会产生交变的热应力，从而使刀片发生疲劳而开裂。在端面车削过程中，由于径向进给使刀具实际获得的轴向压力是交变的，摩擦力周期性变化，所产生的切削热也是交变的，冲击性的机械应力和热应力随之产生，而高速钢刀具强度较低，主切削刃的快速磨损，使主后刀面与工件贴和紧密，其温度变化较大，使其因疲劳而出现裂纹。同理，硬质合金刀具，由于强度较高，所以主后刀面上所产生的裂纹较小，表层脱落后形成了少量的麻点。

图 3.46　高速钢刀具表面热裂

图 3.47　硬质合金刀具表面凹陷

3.4　本章结论

钻削 $ZrO_2/CePO_4$ 陶瓷的材料去除过程可分为两个阶段：高效率阶段和高磨损阶段。初期阶段为高效加工阶段，其材料去除率较大，而刀具磨损量较小；后期阶段为高磨损阶段，其材料去除率较小，而刀具磨损量较大。与切削金属材料的材料去除过程存有较大差异。在 $ZrO_2/CePO_4$ 陶瓷材料钻削过程中,刀具材料、冷却条件、钻头顶角等工艺参数均对刀具磨损产生一定影响。其中刀具材料、冷却条件对刀具磨损的影响较为显著。高速钢刀具不适于 $ZrO_2/CePO_4$ 陶瓷材料的钻削加工。

钻头的磨损主要包括三种形态:主后刀面磨损、第一副后刀面磨损和横刃磨损。钻头第一副后刀面磨损现象是 $ZrO_2/CePO_4$ 材料加工的一个显著特征。刀具磨损的主要形式是磨料磨损、黏结磨损、氧化磨损等,材料中的 ZrO_2 硬质点、热导率较低而导致的高温条件是引起刀具磨损的主要原因。$ZrO_2/CePO_4$ 陶瓷在加工过程中,应选择合理的刀具参数和加工工艺参数,保持切削刃的锋利,以获得良好的加工质量,减少刀具的磨损,获得较长的正常加工时段,提高加工效率。

氟金云母陶瓷钻削加工过程中,刀具磨损率较高,磨损比较剧烈,与加工金属材料的磨损理论存在较大差异;材料去除以穿晶断裂模式为主,沿晶断裂模式也同时存在。硬质合金钻头的磨损过程可以分为初期磨损、稳定磨损和过度磨损三个阶段。刀具材料、冷却条件、切削速度、刀具角度等切削参数均对材料去除、刀具磨损产生一定影响,其中刀具材料、冷却条件的影响较为显著。刀具磨损形态包括主后刀面磨损、副后刀面磨损和横刃磨损。钻头副后刀面存在的磨损现象是氟金云母陶瓷材料加工的一个显著特征。刀具失效的主要型式是切削刃裂纹与剥离、切削刃崩碎、磨料磨损、黏结磨损等。材料中分散不均的玻璃相硬质点、热导率较低、交变的轴向压力所导致的机械冲击和热冲击作用,是引起刀具失效的主要原因。通过优化刀具材料、加工工艺参数、刀具角度等,可以提高加工效率、降低刀具磨损、改善被加工表面质量。

氟金云母陶瓷车削过程中,刀具磨损过程与金属切削中刀具磨损过程相类似,可以划分为三个阶段:初期磨损阶段、稳定磨损阶段和过度磨损阶段。与金属材料相比,氟金云母陶瓷虽然可以加工,但仍属于硬脆性难加工材料,加工过程中刀具磨损率保持了较高的水平,持续加工时间较短。刀具材料性能是影响刀具磨损的关键因素,高速钢刀具因刀具磨损率较高而无法满足氟金云母陶瓷加工的需要。硬质合金刀具由于加工持续的时间较短,切削效率较低,并不是理想的刀具,而陶瓷刀具相对较好。冷却条件是影响刀具磨损的重要因素之一。自来水冷却时,可大大降低刀具磨损率。刀具磨损率随主轴转速的增大而增大。当 $n=150\sim250\text{r/min}$ 时,刀具磨损率随主轴转速变化较小,而刀具的切削能力较强,是进行切削加工较适宜的速度范围。试验结果表明,当切削深度 $a_p=0.3\text{mm}$ 时,刀具磨损率最小。进给速度对刀具磨损影响呈余弦线。当进给速度 $v_f=1.5\text{mm/min}$ 时,在曲线上出现了波谷,说明此时的刀具磨损率最低,进给速度选取相对比较合理。

通过电镜观察分析,考察了氟金云母陶瓷车削中的刀具磨损特性、磨损形态及其原因。端面车削氟金云母陶瓷时,因刀尖形状的不同,刀具磨损主要发生在后刀面和刀尖处。氟金云母陶瓷车削过程中,刀具磨损的主要型式有磨料磨损、黏结磨损。刀具破损的型式有切削刃塑性变形、崩刃、后刀面热裂、后刀面麻点。磨料磨损是一普遍存在的现象。其主要原因是氟金云母陶瓷材料的硬度较高、热导率较低,刀具与工件的组织不均匀,以及切削过程中产生的冲击性机械应力和热应力等。

参 考 文 献

[1] 马廉洁,于爱兵. $ZrO_2/CePO_4$ 复合陶瓷钻削试验中刀具磨损机理的研究[J]. 工具技术, 2004,38(11):13~15.

[2] 于爱兵,马廉洁,刘家臣,等. 可加工陶瓷材料 $ZrO_2/CePO_4$ 钻削刀具的磨损[J]. 天津大学学报,2005,38(8):669~673.

[3] 周泽华,于启勋. 金属切削原理[M]. 上海:上海科学技术出版社,1992.

[4] 焦士仲,唐永杰. 金属切削原理[M]. 北京:机械工业出版社,1991.

[5] Heineman S S, Heineman G W G, Stephen S. Machine Tools Processes and Applications[M]. San Francisco:Canfield Press,1979.

[6] 安承业,王正君. 金属切削刀具[M]. 北京:机械工业出版社,1991.

[7] 马廉洁,于爱兵,于思远. 氟金云母陶瓷钻削参数对刀具磨损的影响[J]. 兵器材料科学与工程,2006.29(5):68~70.

[8] 马廉洁,娄琳,于爱兵. 氟金云母陶瓷钻削刀具磨损特性的研究[J]. 工具技术,2006,40(12): 26~29.

[9] 于爱兵,马廉洁,谭业发. 氟金云母玻璃陶瓷钻削过程中的刀具磨损特性研究[J]. 摩擦学学报,2006,26(1):79~83.

[10] 马廉洁,孟宝金,张文祥. 氟金云母可加工陶瓷车削的刀具磨损[J]. 工具技术,2007,41(7): 24~26.

[11] Xu H H K, Jahanmir S. Scratching and grinding of a machinable glass-ceramic with weak interfaces and rising T-curve[J]. Journal of the American Ceramic Society,1995,78(2):497~ 500.

第4章 可加工陶瓷磨削表面成形机理及材料去除过程

从化学键性上看,陶瓷多由离子键和共价键组成,键合牢固、有明显的方向性。同一般的金属相比,其晶体结构复杂,强度、硬度、弹性模量比金属高出很多,耐磨性、耐腐蚀性、耐热性明显优于金属,而塑性、韧性、可加工性却不如金属。因此,研究陶瓷材料的性能特点与加工工艺参数之间的关系,提高陶瓷零部件的加工精度,保持陶瓷零部件的可靠性具有十分重要的意义。

4.1 工程陶瓷材料断裂力学

4.1.1 Griffith 断裂强度理论

如果把陶瓷材料看成理想晶体,当发生完全弹性体脆性断裂时,其理论断裂强度主要取决于原子间的结合力,如式(4.1)[1]所示:

$$\sigma_{th} = \frac{2Er_0}{\pi a_0} \tag{4.1}$$

式中:σ_{th}——理论断裂应力;

E——弹性模量;

r_0——原子间结合力达到最大值时的原子间距增加量($a_0 + r_0$ 为最大原子间距);

a_0——原子间距。

事实上,陶瓷材料的实际强度仅相当于其理论强度的 $1/100$。因此,Griffith[2]认为,陶瓷材料内部存在微小裂纹的扩展、桥接,容易导致材料的整体断裂,陶瓷材料的实际断裂并非像理想晶体那样的原子键破坏,而是更加容易。根据能量准则,Griffith 推导出的陶瓷材料的临界断裂应力为

$$\sigma_{crit} = \sqrt{\frac{2E'\gamma^s}{\pi c}} \tag{4.2}$$

式中:σ_{crit}——Griffith 断裂应力;

γ^s——断裂产生新表面的表面能;

c——裂纹半径长度;

E'——弹性模量,

$$E' = \begin{cases} E, & \text{平面应力} \\ \dfrac{E}{1-\nu^2}, & \text{平面应变} \end{cases}$$

ν——泊松比。

式(4.2)是陶瓷材料强度断裂准则,通常被称为 Griffith 方程,是研究陶瓷材料断裂去除的基本理论。Griffith 指出,材料的实际断裂应力与材料性能、裂纹尺寸等因素同时相关。

式(4.2)是估算脆性材料断裂应力的基本方程。由于材料体中微裂纹的形状、裂纹尖端塑性区等因素的作用,引起了应力松弛等因素,会使表面能 γ^s 发生变化,所以式(4.2)在实际材料断裂应力的估算中并不完全适合。1958 年,Irwin 对 Griffith 方程进行了推广,得出:

$$\sigma_f = \frac{1}{Y}\sqrt{\frac{2E'\gamma^*}{c}} \tag{4.3}$$

式中：σ_f——Irwin 断裂应力；

　　　Y——几何因子[3]；

　　　γ^*——考虑了应力松弛而引起变化的表面能(裂纹尖端塑性区)。

4.1.2　临界切削载荷

在研究脆性材料磨削过程中的材料去除机理时,通常把磨粒与工件的相互作用看成小规模的压痕现象,如图 4.1 所示。在载荷 P 作用下,金刚石压头以缓慢速度压入工程陶瓷表面,压应力作用使压头下部的材料发生非弹性流动,在载荷较小时,压痕被保留,因此可将其称为显微塑性流动。载荷 P 与压痕特征尺寸 $2a$ 之间存在如下关系：

$$P = \xi H a^2 \tag{4.4}$$

式中：P——外部载荷(N)；

　　　ξ——压头几何因子,维氏压头取 $\xi = 2$；

　　　H——陶瓷材料硬度(GPa)；

　　　$2a$——压痕特征尺寸(mm)。

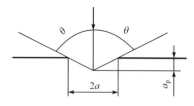

图 4.1　压痕试验示意图

一般认为存在一个能够引起裂纹扩展的临界载荷,即

$$P_c = \lambda_0 K_{IC}\left(\frac{K_{IC}}{H}\right)^3 \tag{4.5}$$

式中：P_c——临界载荷（N）；

　　λ_0——系数，取值为 13500～20000；

　　K_{IC}——材料的断裂韧性（N/mm$^{3/2}$）；

　　H——材料硬度（GPa）。

当 $P < P_c$ 时，材料破坏主要取决于压痕区域塑性变形程度，同时还与表面裂纹扩展有关。

4.1.3　临界切削厚度

如图 4.1 所示，压痕试验和磨削试验表明，载荷或法向磨削力由压痕深度或磨粒切削厚度 a_p 的大小确定，压痕特征尺寸 $2a = 2a_p \cdot \tan\theta$，$\theta$ 为压头或磨粒锥顶半角。由于磨粒在磨削过程中只有半面在承受力的作用，因此，根据式（4.4）和式（4.5），可写为

$$P = \frac{1}{2}\xi\tan^2\theta H a_p^2 \tag{4.6}$$

$$P = \frac{1}{2}\lambda_0 K_{IC}\left(\frac{K_{IC}}{H}\right)^3 \tag{4.7}$$

式中：θ——压头锥顶半角；

　　a_p——磨削厚度。

由此，临界载荷允许的最大压入深度，即临界切削厚度为

$$a_{pc} = \sqrt{\frac{\lambda_0}{\xi\tan^2\theta}}\left(\frac{K_{IC}}{H}\right)^2 \tag{4.8}$$

式中：a_{pc}——临界切削厚度。

式（4.8）表明，裂纹失稳扩展的临界厚度与材料断裂韧性和硬度之比的平方成正比。

4.2　工程陶瓷材料强度的影响因素

陶瓷材料的脆性取决于其化学键的类型。陶瓷晶体中多为离子键和共价键，其方向性较强，且晶体结构往往特别复杂，平均原子间距较大，因而表面能较小。与金属材料相比，在室温下几乎没有滑移系，位错滑移、增殖很难发生。由于表面或内部存在的缺陷引起的应力集中很容易产生脆性破坏，这就是陶瓷材料脆性特征的本质，也是其强度值分散性较大的原因。

通常，陶瓷都是采用烧结法制备而成的，在晶界上存在大量气孔、裂纹和玻璃相等组分，即使在晶内也存在气孔、孪晶界、层错、位错等晶格缺陷。因此，陶瓷强

度的影响因素通常有材料种类(成分)、微观组织(气孔率、晶粒尺寸、晶界相)、温度等。

4.2.1 材料气孔率对陶瓷材料强度的影响

气孔是多数陶瓷的主要组织缺陷之一,气孔组织使载荷作用横截面积明显降低,同时还会引起应力集中。试验表明,多孔陶瓷强度随气孔率的增加呈指数下降趋势,Ryskewitch 提出了强度与气孔率的经验公式[4]:

$$\sigma = \sigma_0 \exp(-\alpha p) \tag{4.9}$$

式中:p——气孔率;

σ_0——$p = 0$ 时的强度;

α——常数(通常取 $\alpha = 4 \sim 7$)。

据此,当 $p = 10\%$ 时,陶瓷强度约为无气孔时的 1/2。硬瓷的气孔率约为 3%,而陶器的气孔率为 10%~15%。当材料成分相同时,强度将随气孔率不同显著变化。图 4.2 给出了 Al_2O_3 陶瓷的弯曲强度与气孔率之间的关系。

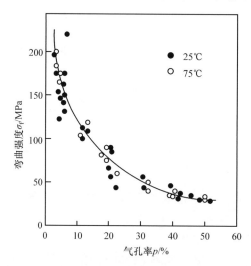

图 4.2　Al_2O_3 陶瓷的弯曲强度与气孔率的关系[4]

4.2.2 晶粒尺寸对陶瓷材料强度的影响

陶瓷强度与晶粒尺寸的关系如图 4.3 所示,与金属有类似的规律,也符合 Hall-Petch 关系式[5]:

$$\sigma_b = \sigma_0 + kd^{-1/2} \tag{4.10}$$

式中:σ_0——无限大单晶的强度;

k——系数;

d——晶粒直径。

图 4.3 给出了断裂应力 σ_f(MPa)与 $d^{-1/2}$($\mu m^{-1/2}$)之间的关系,曲线分为两个区域,在每一个区域内部都呈直线关系。

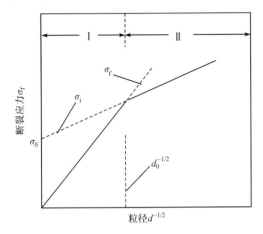

图 4.3 断裂应力和晶粒尺寸与强度的关系[6,7]

其中在 I 区,符合式(4.11)的关系

$$\sigma_f = \frac{1}{Y}\sqrt{\frac{2E\gamma^*}{c}} \qquad (4.11)$$

此时,因为 $c \approx d$,所以 $\sigma_f \propto d^{-1/2}$。

在 II 区,符合式(4.12)的关系。式(4.12)为根据金属中位错塞积(pile-up)模型得出的滑移面剪切应力 τ_i 与位错塞积群长度 L 之间的关系[8]。其中,位错塞积群长度 L 与晶粒 d 大小有关。

$$\tau_i = \tau_0 + k_s L^{-1/2} \qquad (4.12)$$

式中:τ_0——位错运动摩擦力;

k_s——比例常数,与裂纹形成时的表面能有关。

对于多晶体,可近似地认为 $\sigma_i = 2\tau$。因为 $L \propto d$,所以有 $\sigma_f \propto d^{-1/2}$ 的比例关系。

结晶玻璃的粒径对强度的影响如图 4.4 所示[9],由图可以看出,随晶粒直径 d 的增大,强度显著减小。

对于烧结体陶瓷,制备出其他组织参量完全相同,而只有晶粒尺寸变化的试样几乎是不可能的,因此,在研究晶粒尺寸对强度影响的过程中,其他因素也同时对强度起着不同程度的作用。尽管如此,这种理论上的关系已经在试验研究的定性分析中得到了相一致的趋势。所以对于结构陶瓷材料,室温下的断裂强度随晶粒尺寸的增大而减小。

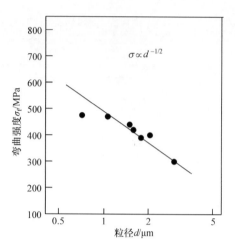

图 4.4　结晶玻璃的晶粒直径与弯曲强度的关系[9]

4.2.3　晶界相对陶瓷材料强度的影响

陶瓷材料烧结时,一般都加入一定量的助烧剂,部分低熔点晶界相也会由此而形成,晶界相有利于陶瓷材料的致密化。晶界相的成分、性质及数量(厚度)对材料强度有显著影响,有的晶界相可以阻止裂纹过界扩展,松弛裂纹尖端应力场。然而,晶界处的玻璃相对强度是不利的,通常采用热处理的方法使其晶化。对于单相多晶材料,均匀等轴晶粒最好,承载时变形均匀且不易引起应力集中,可以使强度得到充分发挥。比例适当的等轴晶与长捧晶复合组织,能够使强度和韧性同时明显提高。

4.2.4　温度对陶瓷材料强度的影响

陶瓷材料的高温强度比金属高得多,在温度 $T < 0.5T_m$(T_m 为熔点)时,其强度基本保持不变,当温度高于 $0.5T_m$ 时,强度才出现明显降低。Brown 等[10]提出强度随温度的关系如图 4.5 所示,曲线可分为三个区域。

在低温区(A 区),陶瓷材料断裂前无塑性变形,断裂行为主要取决于试样内部已有的缺陷(裂纹、气孔等)引起裂纹的扩展,这一过程为脆性断裂,其断裂应力为

$$\sigma_f = \frac{1}{Y}\sqrt{\frac{2E'\gamma^*}{c}} \tag{4.13}$$

式中,E'、γ^*、c 等参数对温度不敏感,所以在 A 区,σ_f 随温度升高变化不大。

在中间温度区(B 区),断裂前会产生一定的塑性变形,因而强度对已有缺陷的

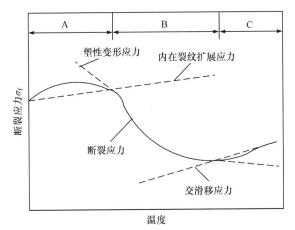

图 4.5　陶瓷断裂应力与温度关系示意图[10]

敏感性降低,断裂主要受塑性变形控制,σ_f 随温度的上升会有明显降低。此时,断裂应力主要受位错塞积机制控制,即 $\sigma_f = \sigma_0 + kb^{-1/2}$。

温度升高到高温区(C 区),二维滑移系开动,部分位错产生交滑移,同时又沿另外的滑移面继续滑移,从而松弛了应力集中,抑制了裂纹萌生。位错的交叉滑移随温度的升高变得活跃,由此产生的应力松弛作用愈发明显。所以在 C 区,断裂应力随温度的升高而上升。但并非所有陶瓷材料都会出现 A、B、C 三个区。

陶瓷材料的强度还会随材料的纯度、微观组织结构因素、表面状态(粗糙度)的变化而变化。

4.3　工程陶瓷微观断裂与裂纹扩展

4.3.1　断裂韧性

陶瓷材料在室温下甚至在 $T/T_m \leqslant 0.5$ 的温度范围内很难产生塑性变形,其断裂方式主要为脆性断裂,对裂纹敏感性很强。所以,断裂力学是评价陶瓷材料力学性能的重要指标,非常适合用线弹性断裂力学来描述其断裂行为。评价陶瓷材料韧性的最普遍的断裂力学参数就是断裂韧性(K_{IC})。

如图 4.6 所示,根据弹性理论,各向同性的线弹性体中存在的尖锐裂纹尖端附近的应力场,可以通过局部极坐标(γ, θ)求得,该极坐标系以裂纹尖端为原点,如式(4.14)所示[11]:

$$\sigma_{ij} = \frac{1}{\sqrt{2\pi\gamma}} \left[K_I f_{ij}^I(\theta) + K_{II} f_{ij}^{II}(\theta) + K_{III} f_{ij}^{III}(\theta) \right] \quad (4.14)$$

式中,角标 Ⅰ、Ⅱ、Ⅲ 分别代表三种裂纹尖端变形模型,Ⅰ 为张开型裂纹,Ⅱ 为错开型裂纹,Ⅲ 为撕开型裂纹(图 4.6)。

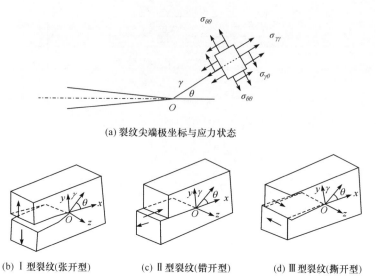

(a) 裂纹尖端极坐标与应力状态

(b) Ⅰ型裂纹(张开型)　　(c) Ⅱ型裂纹(错开型)　　(d) Ⅲ型裂纹(撕开型)

图 4.6　裂纹尖端应力场极坐标与裂纹型式

式(4.14)中的应力 σ_{ij} 包含三种裂纹形式的应力分量,其中 K_{I}、K_{II}、K_{III} 称为应力强度因子,可根据材料的形状、尺寸、边界条件求得,单位为 MPa·$m^{1/2}$。对于某一型式的裂纹,应力强度因子一旦确定,裂纹尖端附近的应力、应变、位移等都将确定,即应力强度因子可以用来描述裂纹尖端附近的力学环境。应力强度因子的一般表达式为

$$K = \sigma Y \sqrt{c} \qquad (4.15)$$

式中:σ——应力;

　　c——裂纹尺寸;

　　Y——系数(与裂纹形状、尺寸及载荷形式等有关)。

当裂纹尖端应力强度因子达到某一临界值时,裂纹将失稳扩展而导致断裂,此时的临界应力强度因子称为断裂韧性。对于Ⅰ型裂纹,失稳扩展条件为

$$K_{\text{I}} \geqslant K_{\text{IC}} = \sigma_f Y \sqrt{c} \qquad (4.16)$$

K_{IC} 就是断裂韧性(平面应变断裂韧性)。K_{IC} 与比表面能 γ^* 及弹性模量 E' 之间的关系为

$$K_{\text{IC}} = \sqrt{2E'\gamma^*} \qquad (4.17)$$

同样的,对于Ⅱ型及Ⅲ型裂纹,可以定义相应的断裂韧性为 K_{IIC} 及 K_{IIIC}。

4.3.2　裂纹扩展阻力

K_{IC} 是指完全脆性断裂的断裂韧性。但在实际断裂中,脆性材料的裂纹尖端也会由于塑性变形、应力诱发相变、晶须拔出桥接、裂纹分支转向等作用而形成一

定尺寸范围的过程区。所以,随外加应力的增加,裂纹尖端应力强度因子也会增加。当 K_I(对于 I 型裂纹)达到裂纹开始扩展的临界值(即裂纹扩展驱动力大于阻力)时,裂纹就开始扩展。一旦裂纹开始扩展,其尖端处就形成了上述过程区,过程区的形成会降低裂纹尖端处应力场的强度,维持裂纹继续扩展必须进一步提高外加应力,即过程区的形成增大了裂纹扩展阻力。从能量的角度讲,提高了形成单位新裂纹表面所需的能量 R,这种能量 R(或裂纹尖端应力强度因子)即可表征裂纹扩展阻力的度量。

图 4.7 为裂纹尖端应力诱发相变区轨迹示意图。图 4.8 给出了相变韧化陶瓷裂纹扩展阻力曲线(R-曲线)的一般形式。随着裂纹扩展,开始阶段阻力上升较

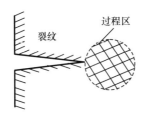

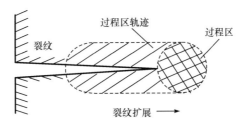

图 4.7　裂纹尖端应力诱发相变区轨迹示意图[12]

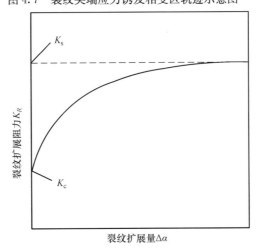

图 4.8　相变韧化陶瓷裂纹扩展阻力曲线[12]

快,继而逐渐平缓,最终达到饱和状态(趋于平坦)。最终的饱和值 K_s 就是材料的实际断裂韧性值,这种裂纹扩展称为亚临界扩展。

4.3.3　断裂韧性与裂纹扩展速率

断裂韧性 K_{IC} 是材料瞬间断裂时的裂纹尖端临界应力强度因子,即瞬间断裂裂纹扩展阻力。然而,在实际应用中,即使很低的应力($K_I < K_{IC}$),经长时间作用也会使陶瓷材料发生断裂,特别是长时间周期性循环载荷作用下,低应力疲劳断裂就会产生,这就是低速裂纹扩展(或低应力延迟断裂)。为了描述这种具有时间效应的断裂现象,需要研究裂纹扩展速率 V 与其裂纹尖端断裂韧性 K_I 之间的关系(K_I-V 曲线)。K_I-V 曲线一般分为三个区域,如图 4.9 所示。

K_0 为裂纹开始扩展的临界值,在 I 区有如下关系:

$$V = AK_I^n \tag{4.18}$$

式中: A——常数。

在 II 区, V 不随 K_I 的增大而变化,而处于稳定态。

在 III 区,随着 K_I 的增大, V 迅速增大,最终达到 K_{IC} 而断裂。

不同材料各区的长短也不尽相同,不是所有材料都会出现三个区。对于陶瓷材料,I 区占大部分。应用式(4.18)可以预测在一定应力下材料(或构件)的寿命[13]。

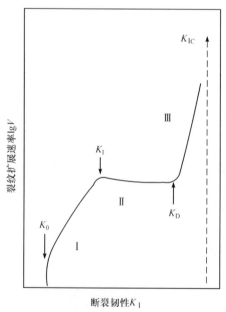

图 4.9　断裂韧性与裂纹扩展速率

4.4　可加工陶瓷材料去除机制

4.4.1　可加工陶瓷材料压痕仿真试验

如图 4.10(a)所示,氟金云母陶瓷压痕仿真试验表明,在加载过程中,随着载荷 P 增大,塑性变形区下端将产生一个中位径向裂纹(图 4.10(b));在卸载过程中,在压痕局部塑性变形及径向裂纹共同形成的应力场作用下,引起了侧向裂纹[14](图 4.10(c));在适当条件下,还将诱发裂纹桥接。当实际切削厚度大于临界切削厚度 $a_p > a_{pc}$,且实际载荷大于临界载荷 $P > P_c$ 时,侧向裂纹向前延伸并发展至表面,形成了由微观裂纹网络产生的局部块状剥落体,形成了切屑(图 4.10(d))。而随机分布在材料内部的塑性域组分,在遇到径向裂纹时,耗散了裂纹扩展的能量,阻断了径向裂纹的扩展。所以,陶瓷材料加工去除机制的最终形式为块状崩除,出现粉末状切屑(微观颗粒)。

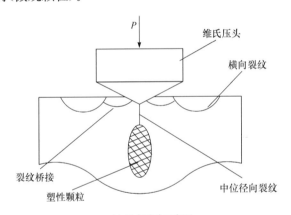

(a) 压痕试验示意图

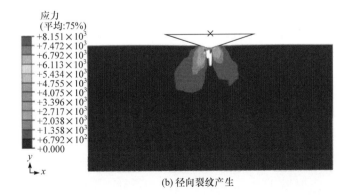

(b) 径向裂纹产生

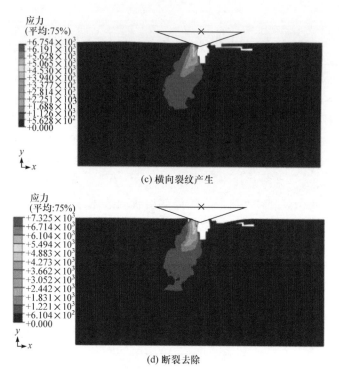

(c) 横向裂纹产生

(d) 断裂去除

图 4.10　压痕试验及其仿真

4.4.2　可加工陶瓷材料去除与表面形成机制

　　陶瓷材料表面形成机制,可以近似地看成移动的压头在局部范围内对材料连续挤压、划擦(图 4.11(a)),在材料表面将产生深浅不一的侧向裂纹以及不连续的径向裂纹。由于裂纹桥接作用,侧向裂纹不断扩展,很快形成了微裂纹网络,在磨粒挤压作用下,部分晶粒被整体拔出(沿晶断裂)而形成磨屑,在新表面上形成了凹陷。另一部分晶粒因为高出新表面层的体积较小,与机体结合较为牢固,磨粒挤压作用不足以使其整体拔出,在划擦作用下,突出部分产生瞬间局部脆断(穿晶断裂),在新表面上形成了平整表面。而随机分布在材料内部的塑性组分,阻断了裂纹扩展,分布在表层的塑性组分在磨粒划擦作用下,形成了塑性域去除(图 4.11(b))。

　　综上所述,本书认为陶瓷材料机械加工过程中,形成了粉末状切屑(微观颗粒)。材料表面成形与成屑是脆性与塑性共存机制,穿晶断裂形成脆断表面,使表面粗糙度的值得以降低,改善了表面质量,材料内部的塑性组分形成的塑性域去除则提高了韧性,保持了强度,改善了材料可靠性。

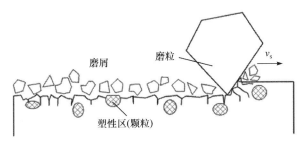

(a) 陶瓷材料磨削表面形成过程

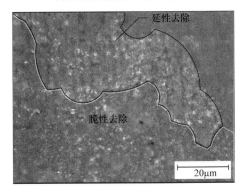

(b) 塑性与脆性共存表面

图 4.11 陶瓷材料磨削表面形成过程

4.5 点磨削可加工陶瓷微观断裂去除模式

4.5.1 脆-塑性微观断裂转变的临界条件

1. 临界压痕宽度

Bifano 认为,脆性材料在磨削时,表面破碎面积率在 10% 以下的可称为塑性域(或延性域)磨削[14,15]。他在玻璃陶瓷塑性域磨削研究的基础上,依据 Griffith 断裂准则和硬度压痕,得到了脆性材料在无裂纹生成情况下的临界压痕宽度 a_c(式(4.19)):

$$a_c = \frac{8E_d E \sin^4 \theta}{\pi H^2} \tag{4.19}$$

式中:H——材料的显微硬度(MPa);

E_d——材料的断裂能(J);

E——材料的弹性模量(MPa);

θ——压头的锥角半径(rad)。

脆性材料在匀速加载而发生断裂时,材料的断裂韧性 K_{IC}、显微硬度 H、断裂能 E_d 以及弹性模量 E 之间服从下面的关系式:

$$E_d \approx \frac{K_{IC}^2}{4\sqrt{HE}} \tag{4.20}$$

将式(4.20)代入式(4.19)可得

$$a_c = \frac{2\sin^4\theta}{\pi}\left(\frac{K_{IC}}{H}\right)^2\sqrt{\frac{E}{H}} \tag{4.21}$$

2. 临界压痕深度

由图 4.1 可知,临界压痕深度 a_h 和临界压痕宽度 a_c 之间是有关联的,且满足如下关系:

$$a_h = \frac{1}{2}a_c\cot\theta \tag{4.22}$$

将式(4.21)代入式(4.22)可得

$$a_h = \frac{\sin^3\theta\cos\theta}{\pi}\left(\frac{K_{IC}}{H}\right)^2\sqrt{\frac{E}{H}} \tag{4.23}$$

如果以冲击方式加载,则脆性材料静态断裂韧性 K_{IC} 与动态断裂韧性 K_{Id} 的大小是不相同的,有 $K_{Id} = K_d \cdot K_{IC}$ 的关系,其中 K_d 为动态变化系数,在冲击载荷情况下,$K_d < 1$,而对于结构陶瓷材料,$K_d = 0.15 \sim 0.6$。所以,在冲击载荷作用下,脆性材料的临界压痕深度 a'_{hd} 可用如下式表示:

$$a'_{hd} = \frac{K_d\sin^3\theta\cos\theta}{\pi}\left(\frac{K_{IC}}{H}\right)^2\sqrt{\frac{E}{H}} \tag{4.24}$$

如果外加载荷作用的深度小于材料临界压痕深度 a'_{hd},脆性材料就没有裂纹扩展和断裂剥落,将在无损伤情况下加工,则脆性材料加工过程均在塑性域磨削范围内[16]。

将式(4.25)进行适当变换,可得单颗磨粒在平面磨削时的最大磨削深度 a_{gm},如式(4.26)所示:

$$a_{gm} = \left(\frac{4v_w}{v_s C N_d}\sqrt{\frac{a_g}{d_s}}\right)^{\frac{1}{2}} \tag{4.25}$$

$$a_{gm} = \left(\frac{4 v_w a_g}{v_s C N_d l_c} \right)^{\frac{1}{2}} \tag{4.26}$$

式中：C——磨粒的理想切削宽度 $2a$ 与切削厚度 a_g 之间的比值；

l_c——磨粒与工件的接触弧长。

如果将点磨削当量尺寸[17]（式（4.27））代入式（4.26），则可获得点磨削临界磨削深度 a_{gmc}，如式（4.28）所示。

$$\begin{cases} d_{we} = \dfrac{d_w}{\cos^2 \alpha} \\ d_{se} = d_s \cos\beta \\ v_{we} = v_w \cos\alpha \\ v_{se} = v_s \end{cases} \tag{4.27}$$

$$a_{gmc} = \left(\frac{4 v_w \cos\alpha \cdot a_g}{v_s C N_d l_c} \right)^{\frac{1}{2}} \tag{4.28}$$

3. 临界磨削深度

实际加工和硬度压痕法的不同之处主要表现在，实际加工过程中，磨粒主要受单边载荷作用，其并不像压痕试验那样的两边承载，所以 a_{gmc} 和 a'_{hd} 之间是 2 倍的关系。根据脆性和塑性转变条件，只要 a_{gm} 小于临界磨削深度 a_{gmc}，材料将发生类似于金属加工的弹塑性变形方式去除。根据式（4.24），可获得脆性材料在单颗磨粒磨削时的临界磨削深度 a_{gmc} 为

$$a_{gmc} = \frac{2 K_d \sin^3\theta \cos\theta}{\pi} \left(\frac{K_{IC}}{H} \right)^2 \sqrt{\frac{E}{H}} \tag{4.29}$$

由式（4.26）和式（4.28）可知，提高砂轮速度 v_s，减小磨削深度 a_g，减小轴向进给速度 v_w，增加倾斜角 α 和砂轮偏转角 β，都可以减小单颗磨粒的最大磨削深度 a_{gmc}；同时，脆性材料自身的显微硬度值越低，弹性模量值越高，可提高 a_{gmc}。所以，降低 a_{gmc} 是实现塑性域磨削的有利条件，即选择合适的磨削参数、低硬度、高弹性的脆性材料，都可以实现塑性域磨削。

4.5.2　脆性断裂去除

如图 4.12 所示，显微观察表明，部分陶瓷加工表面与自然表面较为接近，未见

塑性去除的犁耕状沟纹,可见,氟金云母陶瓷与微晶玻璃陶瓷点磨削过程中均出现了脆性断裂去除模式。

(a) 氟金云母陶瓷点磨削表面(×200)

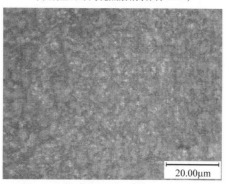

(b) 氟金云母陶瓷点磨削表面(×500)

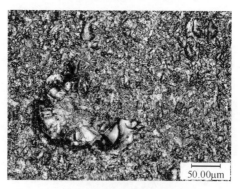

(c) 微晶玻璃陶瓷点磨削表面(×400)

(d) 微晶玻璃陶瓷点磨削表面(×3000)

(e) 微晶玻璃陶瓷点磨削表面(×1000)

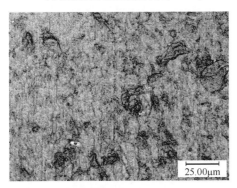

(f) 微晶玻璃陶瓷点磨削表面(×3000)

图 4.12　脆性断裂去除

4.5.3　脆-塑性共存断裂去除

　　如图 4.13 所示,在一定的加工条件下,氟金云母陶瓷与微晶玻璃陶瓷点磨削过程中,脆-塑性共存断裂去除模式较为常见。如图 4.13(a)和(b)所示,氟金云母陶瓷点磨削时,在大范围的脆性断裂去除中间出现了犁耕状沟纹,表现出了塑性去除的迹象。如图 4.13(c)和(d)所示,微晶玻璃陶瓷点磨削过程中,显微观察下出现了明显的塑性流动痕迹,其脆性与塑性断裂模式呈交错分布,各占 50%。

(a) 氟金云母陶瓷点磨削表面(×200)

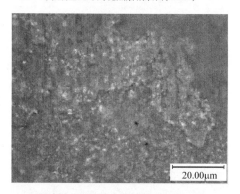

(b) 氟金云母陶瓷点磨削表面(×500)

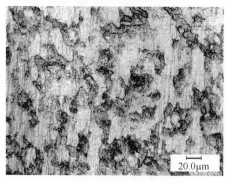

(c) 微晶玻璃陶瓷点磨削表面(×1000)

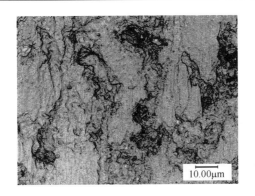

(d) 微晶玻璃陶瓷点磨削表面(×3000)

图 4.13　脆-塑性共存断裂去除

4.5.4　塑性断裂去除

如图 4.14(a)和(b)所示,氟金云母陶瓷点磨削时,出现了大范围的犁耕状沟纹,是典型的塑性断裂去除模式。如图 4.14(c)和(d)所示,微晶玻璃陶瓷点磨削中,出现了塑性断裂模式。

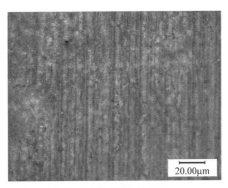

(a) 氟金云母陶瓷点磨削表面(×200)

(b) 氟金云母陶瓷点磨削表面(×500)

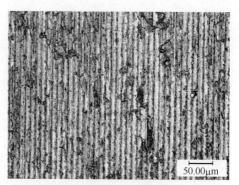

(c) 微晶玻璃陶瓷点磨削表面(×400)

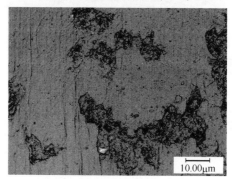

(d) 微晶玻璃陶瓷点磨削表面(×3000)

图 4.14　塑性断裂去除

4.6　点磨削工艺参数对脆性材料塑性域断裂去除的影响

4.6.1　试验

以微晶玻璃为加工对象,其静态断裂韧性 $K_{IC}=2MPa \cdot m^{1/2}$,显微硬度 $H=2.5GPa$,弹性模量 $E=50GPa$,动态系数 $K_d=0.3$;磨削用量为 $v_s=50m/s$,$v_w=5mm/min$,$a_g=0.05mm$,$\alpha=0°$,$\beta=0°$,选择 $200^{\sharp}$ 金刚石砂轮,其有效磨粒数 $N_d=2\times10^6/m^2$。根据试验条件,可计算出接触弧长 $l_c=6.7\times10^{-3}m$,单颗磨粒最大切削深度 $a_{gm}=0.845nm$,临界压痕深度 $a_{hc}=88.78nm$,显然,磨粒的临界切削深度要远大于最大切削深度,试验已满足塑性域磨削的条件。

实际测试结果为:表面粗糙度 $R_a=0.04\mu m$,用三维轮廓仪观测加工的表面的三维形貌如图 4.15 所示,用超景深显微镜观察到的图片如图 4.16 所示。图 4.15 中,磨削表面有类似于磨削金属材料的纹理,表面平整,无明显突变区域,是一种明显的切削痕迹。图 4.16 中,磨削表面无大面积的脆性断裂和横向裂纹痕迹,是一种典型的塑性域磨削表面形貌。

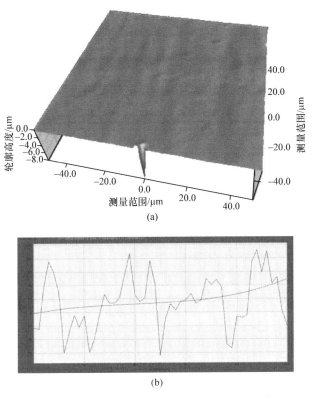

(a)

(b)

图 4.15　三维轮廓仪观测结果

43.57μm

图 4.16　超景深观测情况(×500)

　　为了进一步研究点磨削工艺参数对材料去除形式的影响,本书分别对氟金云母陶瓷、微晶玻璃开展了更广泛的点磨削试验。

4.6.2　砂轮速度

图 4.17 为当 $v_w=15\text{mm/min}$、$a_g=0.05\text{mm}$、$\alpha=0°$、$\beta=0°$时，不同砂轮速度下的磨削表面形貌。

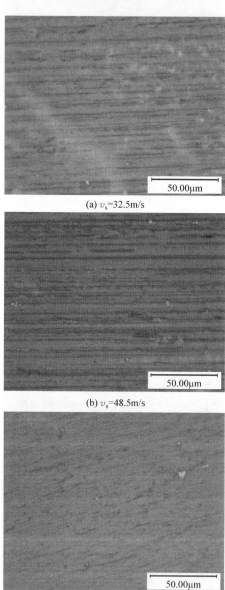

(a) $v_s=32.5\text{m/s}$

(b) $v_s=48.5\text{m/s}$

(c) $v_s=62.5\text{m/s}$

图 4.17　不同砂轮转速的磨削表面形貌

如图 4.17(a)所示,当砂轮速度 v_s＝32.5m/s 时,材料表面出现了大量凹坑、不规则的块状脱落区域,且有细小的裂纹生成,不是完全在塑性域磨削范围内。如图 4.17(b)所示,当 v_s＝48.5 m/s 时,横向裂纹消失,磨粒划过痕迹明显,仍有凹坑存在,但表面质量逐渐好转,已接近塑性域磨削表面。如图 4.17(c)所示,当v_s＝62.5m/s 时,表面光滑,裂纹和凹坑现象完全消失,破碎面积控制在 10% 以下甚至更低的状态,塑性域磨削效果明显。由此表明,随着砂轮转速的提高,磨削表面质量提高,塑性域磨削效果逐渐增强。

4.6.3　轴向进给速度

图 4.18 为 v_s＝48.5m/s、a_g＝0.05mm、α＝0°、β＝0°时,不同轴向进给速度下的磨削表面形貌。如图 4.18(a)所示,当轴向进给速度 v_w＝25mm/min 时,材料表面出现了明显的犁耕状沟纹,同时伴有塑性流动痕迹,表面质量较好。如图 4.18(b)所示,当轴向进给速度 v_w＝35mm/min 时,塑性流动痕迹更加显著,犁耕状沟纹消失,表面质量最好。如图 4.18(c)所示,当轴向进给速度 v_w＝55mm/min 时,表面切削痕迹明显,塑性流动痕迹消失,表面质量较差。随轴向进给速度增加,磨削质量经历了由差变好再变差的过程,表明适当的进给速度有利于塑性域磨削效果的产生。

(a) v_w=25mm/min

(b) v_w=35mm/min

(c) v_w=55mm/min

图 4.18　不同轴向进给速度的磨削表面形貌

4.6.4　磨削深度

图 4.19 为 v_s=48.5m/s、v_w=15mm/min、α=0°、β=0°时,不同磨削深度的磨削表面形貌。

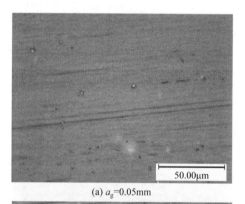

(a) a_g=0.05mm

(b) a_g=0.10mm

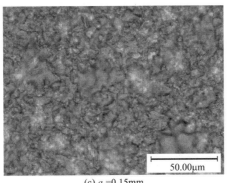

(c) a_g=0.15mm

图 4.19　不同磨削深度的磨削表面形貌

如图 4.19(a)所示，当 a_g＝0.05mm 时，表面光滑、平整，有显微塑性流动现象出现，且没有裂纹和凹坑现象，表面质量高，塑性域磨削效果明显。如图 4.19(b)所示，当 a_g＝0.1mm 时，表面变得凸凹不平，侧向隆起明显，且还伴有凹坑出现。如图 4.19(c)所示，当 a_g＝0.15mm 时，材料表面的磨粒划擦痕迹基本消失，有大量凹坑和裂纹生成，表面质量变差，属于典型的脆性断裂。由此表明，随着磨削深度的增大，塑性域磨削效果逐渐变差。

4.6.5　倾斜角

图 4.20 为 v_s＝62.5m/s、v_w＝10mm/min、a_g＝0.15mm、β＝1°时，不同砂轮倾斜角的磨削表面形貌。

如图 4.20(a)所示，当 α＝－1°时，表面凸凹不平，侧向隆起明显，磨削表面划擦痕迹显著，凹坑和裂纹共存，属于塑-脆性共存断裂。如图 4.20(b)所示，当 α＝0°时，表面凸凹状况有所好转，表面粗糙度值也有所下降。如图 4.20(c)所示，当 α＝1°时，表面光滑、平整，裂纹和凹坑现象较少，表面粗糙度值进一步降低。由此表明，随着砂轮倾斜角的增大，塑性域磨削效果逐渐显著。

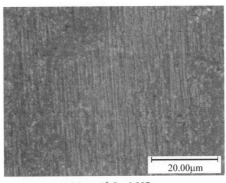

(a) α=-1°,R_a=0.387μm

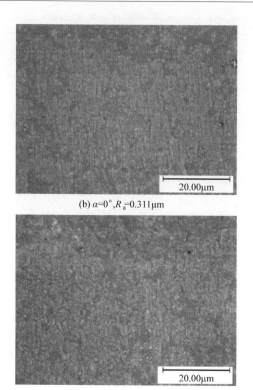

(b) $\alpha=0°,R_{\overline{a}}=0.311\mu m$

(c) $\alpha=1°,R_{\overline{a}}=0.152\mu m$

图 4.20　不同倾斜角的磨削表面形貌(×400)

4.6.6　偏转角

图 4.21 为 $v_s=62.5m/s$、$v_w=10mm/min$、$a_g=0.15mm$、$\alpha=-0.5°$时,不同砂轮偏转角的磨削表面形貌。

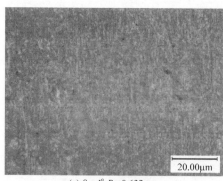

(a) $\beta=-1°,R_a=0.632\mu m$

(b) $\beta=1°$, $R_a=0.411\mu m$

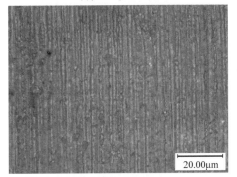

(c) $\beta=3°$, $R_a=0.437\mu m$

(d) $\beta=5°$, $R_a=0.341\mu m$

图 4.21　不同偏转角的磨削表面形貌(×400)

如图 4.21(a)所示,当 $\beta=-1°$ 时,表面凸凹不平,脆性断裂显著,粗糙度值也比较大。如图 4.21(b)所示,当 $\beta=1°$ 时,表面凸凹状况有所好转,表面粗糙度值明显减小。如图 4.21(c)所示,当 $\beta=3°$ 时,磨削表面划擦痕迹显著,表面粗糙度值变化不大。如图 4.21(d)所示,$\beta=5°$ 时,耕犁作用下的侧向隆起明显,磨削表面划擦痕迹显著,表面粗糙度值进一步减小,塑性断裂模式更为突出。由此表明,随着砂轮偏转角增大,塑性域磨削效果逐渐显著。

　　综上所述,点磨削工艺参数对工程陶瓷的断裂去除性质具有一定影响,试验结果表明,砂轮速度、砂轮倾斜角、砂轮偏转角越大,轴向进给速度和磨削深度越小,越容易获得塑性域断裂去除,这一结果与式(4.28)计算结论是基本一致的。因此,点磨削加工中,合理选择加工工艺参数,降低单颗磨粒最大切削厚度,是提高塑性域磨削可能性的有效方法之一。

4.7　本 章 结 论

　　根据 Griffith 断裂强度理论,陶瓷材料内部存在微裂纹的扩展、桥接,这些缺陷引起的应力集中,导致材料容易整体断裂,并非完全的原子键破坏。影响工程陶瓷强度的主要因素有材料种类、微观组织、温度等,同时还与材料的纯度、表面状态(粗糙度)有关。

　　压痕仿真表明,在外部载荷的作用下,陶瓷材料将产生深浅不一的巴氏裂纹。穿晶断裂所形成脆断表面,材料内部的塑性组分形成的塑性域去除则提高了韧性,保持了强度。试验结果表明,在点磨削过程中,脆性断裂去除模式、脆-塑性共存断裂去除模式、塑性断裂去除模式均可产生,其中以脆-塑性共存断裂去除模式较为常见。所以,陶瓷材料加工去除机制的最终形式为块状崩除和粉末状切屑(微观颗粒)。

　　工程陶瓷点磨削加工过程中,脆-塑性微观断裂转变的临界条件与材料的断裂韧性、显微硬度、断裂能、弹性模量、点磨削工艺参数等有关。提高砂轮速度 v_s,减小磨削深度 a_p,减小轴向进给速度 v_w,增加倾斜角 α 和砂轮偏转角 β 都可以实现塑性域磨削。

参 考 文 献

[1] Orowan E. Fracture and strength of solids[J]. Reports on Progress in Physics,1949,12:185~232.

[2] Griffith A A. The phenomena of rupture and flow in solids[J]. Philosophical Transactions of the Royal Society of London,Series A,1921,221:163~198.

[3] Younis M A,Alawi H. Probabilistic analysis of the surface grinding process[J]. Transactions on CSME,1984,8(4):208~213.

[4] Ryshkewitch E. Compression strength of porous sintered alumina and zinconia[J]. Journal of the American Ceramic Society,1953,36(2):65-68.

[5] 姚枚. 金属力学性能(上)[M]. 哈尔滨:哈尔滨工业大学出版社,1979.

[6] Cai G Q,Li C H,Xiu S C. Study on dynamic strength model of contact layer in quick-point grinding[J]. Key Engineering Materials,2006,304:570~574.

[7] 佐久間健人. セラミクスの材料學[M]. 東京:海文堂,1990.

[8] Stroh A N. A theory of the fracture of metals[J]. Advances in Physics, 1957, 6(24): 418~465.

[9] Utsumi Y, Sakka S. Strength of glass-ceramics relative to crystal size[J]. Journal of the American Ceramic Society, 1970, 53(5): 286~287.

[10] Brown W F, Srawley J E. Plane Strain Crack Toughness Testing of High Strength Metallic Materials[M]. New York: American Society for Testing and Materials(Philadelphia), 1966.

[11] 浜野健也, 木村修ヒ. ファインセラミックス基礎科學[M]. 東京: 朝倉書店, 1990.

[12] Evans A G, Davidge R W. The strength and oxidation of reaction-sintered silicon nitride[J]. Journal of Materials Science, 1970, 5(4): 314~325.

[13] Davidge R W. 铃木弘茂, 井闐孝善譯. セラミックスの强度と破壊[M]. 東京: 日刊工業新聞社, 1986.

[14] Malkin S, Ritter J E. Grinding mechanisms and strength degradation for ceramics. Journal of Engineering for Industry[J]. Transactions of the ASME, Series B, 1989, 111(2): 167~174.

[15] Bifano T G. Chemomechanical effects in ductile-regime machining of glass[J]. Precision Engineering, 1993, 15(4): 238~247.

[16] 霍凤伟. 硅片延性域磨削机理研究[D]. 大连: 大连理工大学, 2006.

[17] 修世超, 蔡光起. 快速点磨削周边磨削层模型及参数[J]. 机械工程学报, 2006, 42(11): 197~201.

第5章　可加工陶瓷快速点磨削过程中的表面粗糙度

　　表面粗糙度是检验零件表面质量的主要依据,它的选择合理与否,将直接影响机器的装配质量,进而对整部机器的运行状态和使用寿命产生重要影响。由于工程陶瓷有着特殊的物理化学特性以及块状崩除、粉末状切屑等显著特征,其材料去除及表面成形过程明显不同于金属材料,具有一定的随机性,其作用机理及变化规律尚未被完全掌握。

　　快速点磨削是一种新型的高精度加工技术,当前主要用于金属材料加工。本章研究采用快速点磨削技术加工陶瓷过程中表面粗糙度的影响因素及其变化规律;通过当量尺寸计算,获得点磨削条件下的磨屑厚度;比较 Malkin 模型、Snoeys 模型、磨屑厚度模型的特点及存在的问题,并与试验数据进行对比;对模型进行改进和修正,提出一个新的表面粗糙度模型,给出包含点磨削参数的关系式;提出一个新的概念——相对极值差,用它与标准差相结合来共同检验模型的精度[1]。

5.1　快速点磨削技术理论基础

5.1.1　快速点磨削原理

　　快速点磨削(quick-point grinding)是一种先进的高速磨削技术,采用超薄 CBN 或人造金刚石砂轮,主要用于轴盘类零件的加工[2]。与普通外圆磨削相比,点磨削砂轮与工件轴线不平行,工件位置不变,砂轮在水平和竖直两个方向上都要偏斜一定的角度(图 5.1(a))。此时,在水平面内,砂轮轴线与工件轴线形成的夹角称为倾斜角 α(图 5.1(b));在竖直平面内,砂轮轴线与工件轴线所形成的夹角称为偏转角 β(图 5.1(c))。因此,砂轮与工件之间就形成了理论上的点接触。

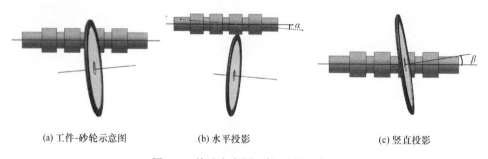

(a) 工件-砂轮示意图　　　　　(b) 水平投影　　　　　(c) 竖直投影

图 5.1　快速点磨削工件-砂轮示意图

5.1.2　外圆磨削最大未变形切屑厚度

对于外圆磨削,逆磨时切刃在 F' 点和工件开始接触(图 5.2),经过曲线路经达到 A' 点,相对工件的切削路径 $F'B'C'A'$ 是砂轮速度 v_s、工件速度 v_w 的切向速度合成的一条摆线,前一个切刃的切削路径与工件表面平移的距离 AA' 等于转过相邻切刃间隔时间内的工件平移量 s,可用工件速度 v_w 乘以两次连续切削间隔时间 (L/v_s) 的积表示:

$$s=\frac{Lv_w}{v_s}\frac{d_s+d_w}{d_w} \tag{5.1}$$

式中:s——相邻切刃间隔时间内的工件平移量;

　　　v_s——砂轮线速度;

　　　v_w——工件速度;

　　　d_s——砂轮直径;

　　　d_w——工件直径;

　　　L——砂轮连续切刃间距(mm)。

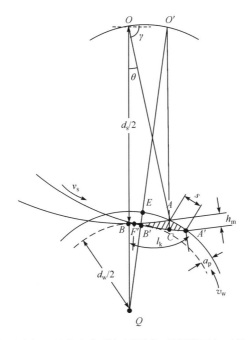

图 5.2　外圆磨削接触区最大未变形切屑厚度、理想磨刃与工件的运动干涉轨迹

如图 5.2 所示,弧长 l_k 为

$$l_k=\left(1+\frac{v_s}{v_w}\right)\sqrt{a_g d_s}+\frac{s}{2}$$

通常取

$$l_k=l_c=\sqrt{a_g d_s} \tag{5.2}$$

$$h_m=O'C-O'A=\frac{d_s}{2}-O'A \tag{5.3}$$

$$O'A=\sqrt{\left(\frac{d_s}{2}\right)^2+s^2-sd_s\cos\cos\gamma}$$

$$O'A=\sqrt{\left(\frac{d_s}{2}\right)^2+s^2-sd_s\sqrt{1+\cos^2\cos^2\theta}} \tag{5.4}$$

因

$$\gamma+\theta=\frac{\pi}{2}$$

则

$$\cos\theta=1-\frac{2a_g}{d_s}$$

经化简计算,得

$$h_m=2s\sqrt{\frac{a_g}{d_s}}\sqrt{1-\frac{a_g}{d_s}}-\frac{s^2}{d_s}$$

由于

$$\frac{a_g}{d_s}=1$$

所以有

$$h_m=2s\sqrt{\frac{a_g}{d_s}}-\frac{s^2}{d_s} \tag{5.5}$$

将 s 代入式(5.5),则

$$h_m=2\frac{Lv_w}{v_s}\frac{d_s+d_w}{d_w}\sqrt{\frac{a_g}{d_s}}-\frac{\left(\frac{Lv_w}{v_s}\frac{d_s+d_w}{d_w}\right)^2}{d_s} \tag{5.6}$$

式中: h_m ——最大未变形切屑厚度。

5.1.3　快速点磨削当量尺寸

如图 5.1 所示,根据砂轮-工件的几何运动关系,点磨削当量尺寸为[3]:

$$\begin{cases} d_{we} = \dfrac{d_w}{\cos^2\alpha} \\[2mm] d_{se} = d_s\cos\beta \\[2mm] v_{we} = v_w\cos\alpha \\[2mm] v_{se} = v_s \end{cases} \tag{5.7}$$

式中:d_{se}——砂轮当量直径;

　　d_{we}——工件当量直径;

　　v_{se}——砂轮当量线速度;

　　v_{we}——工件当量速度;

　　α——倾斜角($°$);

　　β——偏转角($°$)。

由于存在点磨削变量角,快速点磨削外圆时,砂轮周边母线与工件表面母线在空间呈交错状态,因此此周边接触区沿砂轮周边母线的切削深度不等。将点磨削当量尺寸代入式(5.6),最大未变形切屑厚度 h_m 为

$$h_m = \frac{2Lv_{we}}{v_{se}}\frac{d_{se}+d_{we}}{d_{we}}\sqrt{\frac{a_g}{d_{se}} - \frac{\left(\dfrac{Lv_{we}}{v_{se}}\dfrac{d_{se}+d_{we}}{d_{we}}\right)^2}{d_{se}}}$$

$$h_m = \frac{2Lv_w\cos\alpha}{v_s}\frac{d_s\cos\beta+\dfrac{d_w}{\cos^2\alpha}}{\dfrac{d_w}{\cos^2\alpha}}\sqrt{\frac{a_g}{d_s\cos\beta}}$$

$$\qquad - \left[\frac{Lv_w\cos\alpha}{v_s}\left(d_s\cos\beta+\frac{d_w}{\cos^2\alpha}\right)\left(\frac{\cos^2\alpha}{d_w}\right)\right]^2\frac{1}{d_s\cos\beta} \tag{5.8}$$

5.2　工程陶瓷快速点磨削试验[1]

5.2.1　试验原理与方法

本节通过工程陶瓷快速点磨削试验,研究表面粗糙度 R_a 与工艺参数之间的变化趋势及定量关系;通过比较不同模型理论计算值与试验值之间的偏差,来验证模型的精度,并为下一步的模型改进提供依据。

1. 简单单因素试验

在其他条件保持不变的情况下,分别讨论砂轮速度 v_s、工件速度 v_w、磨削深度

a_p、点磨削倾斜角 α、偏转角 β 等因素对表面粗糙度的影响。快速点磨削简单单因素试验条件如表 5.1 所示。

表 5.1　快速点磨削简单单因素试验条件

序号	v_s/(m/s)	v_w/(mm/min)	a_g/mm	α/(°)	β/(°)
1	29.5~62.5	40	0.15	−0.5	1
2	62.5	10~75	0.15	−0.5	1
3	62.5	40	0.05~0.3	−0.5	1
4	62.5	40	0.15	−1~+1	1
5	62.5	40	0.15	−0.5	−1~+5

2. 正交试验

设计了 $L_{16}(4^5)$ 正交试验,研究表面粗糙度与系统多个工艺参数之间的交互作用,并以此来验证模型的可靠性。$L_{16}(4^5)$ 正交试验条件如表 5.2 所示。

表 5.2　$L_{16}(4^5)$ 正交试验因素水平表

水平	因素				
	v_s /(m/s)	v_w /(mm/min)	a_g /mm	α /(°)	β /(°)
1	29.5	15	0.05	−0.3	−1
2	40	40	0.14	0.3	−2.5
3	51	65	0.23	0.9	−4
4	62.5	90	0.32	1.2	−5.5

5.2.2　试验设备

试验在 MK9025A 型曲线磨床上进行(图 5.3(a)和(b)),主要技术参数如下:砂轮转速为 3000~6000r/min,砂轮水平轴转动量为 ±6°,最大砂轮直径为 180mm。选用 CBN 砂轮,其参数如表 5.3 所示。根据加工需要自行设计了夹具,选用云母玻璃陶瓷作为试验材料(图 5.3(b)),材料参数如下:密度为 2.65g/cm³,热导率为 2.1W/(m·K),弯曲强度为 108MPa,维氏硬度为 185HV2.5。磨削后的表面在 Micromeasurez 三维表面轮廓仪(法国)测量其表面轮廓(图 5.3(c)),采样面积为 0.1mm×0.1mm,采样步长为 1μm。表面形貌在 VHX-10000 型超景深三维显微显示系统上进行观察(图 5.3(d))。

(a) MK9025A型曲线磨床

(b) 云母玻璃陶瓷及夹具

(c) Micromeasurez三维表面轮廓仪

(d) VHX10000型超景深三维显微显示系统

图 5.3　试验机床及测试仪器

表 5.3　砂轮参数

磨料种类	结合剂	磨料粒度	砂轮浓度	砂轮直径	砂轮宽度	磨料厚度
CBN	陶瓷	200	150%	180mm	7mm	5mm

5.3　试验结果与讨论[1,4]

5.3.1　砂轮速度

　　图 5.4 为砂轮速度对表面粗糙度的影响。从试验数据总体趋势上看,随砂轮速度的增大,表面粗糙度减小,表面质量变好。这与现有理论分析是完全吻合的,在其他条件不变时,随着砂轮速度的增加,磨粒与工件表面接触的几率增大,切削路径上残留体积减小,所以表面质量提高,表面粗糙度减小。

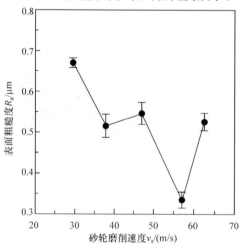

图 5.4　砂轮速度对表面粗糙度的影响曲线

5.3.2　工件进给速度

图 5.5 为工件进给速度对表面粗糙度的影响。由图可看出,随工件进给速度 v_w 增大,表面粗糙度增大,表面质量变差。

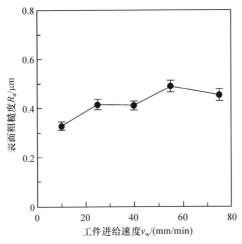

图 5.5　工件进给速度对表面粗糙度的影响曲线

5.3.3　磨削深度

图 5.6 为磨削深度对表面粗糙度的影响。由图可看出,表面粗糙度随磨削深度的增大而减小,但曲线出现了较大波动,这表明可加工陶瓷磨削表面粗糙度与磨削深度确实有关系,当 $a_g = 0.15$mm 时,出现了极小值,而当 $a_g = 0.2$mm 时,出现了极大值。

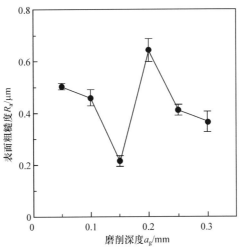

图 5.6　磨削深度对表面粗糙度的影响曲线

5.3.4　倾斜角

图 5.7 为快速点磨削砂轮倾斜角 α 对表面粗糙度的影响。图中试验数据曲线总体趋势是一增函数,表面粗糙度随倾斜角 α 的增大而增大,表明点磨削表面粗糙度受倾斜角影响较大。

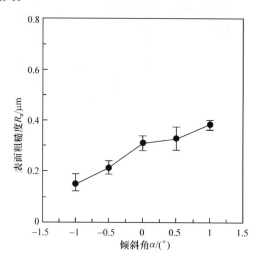

图 5.7　倾斜角对表面粗糙度的影响曲线

5.3.5　偏转角

图 5.8 为快速点磨削砂轮偏转角 β 对表面粗糙度的影响。图中试验数据曲线总体趋势为一递减函数,表面粗糙度随偏转角 β 的增大而减小,表明可加工陶瓷磨

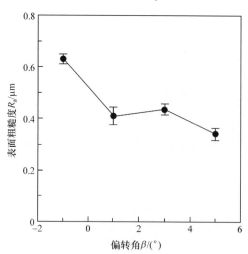

图 5.8　偏转角对表面粗糙度的影响曲线

削表面粗糙度受偏转角 β 影响较大。

5.4　氟金云母陶瓷点磨削表面粗糙度模型

5.4.1　Malkin 运动学模型

2002 年,Malkin 等以切削路径上的所有材料均被切削刃去除,即工件表面纹理完全是由磨料切削作用所产生切削沟纹为假设条件(图 5.9)进行试验,磨粒在砂轮圆周方向上均匀分布,等间距为 L,磨粒切削刃在砂轮径向高度均匀分布,通过建立砂轮磨粒切削刃与工件运动干涉模型,获得了理想表面粗糙度的理论值:[5]

$$s_c = \frac{v_s L}{v_w} \tag{5.9}$$

图中所示轮廓中的峰-谷粗糙度为

$$R_t = \frac{s_c^2 L}{v_s}$$

即

$$R_t = \frac{1}{4}\left(\frac{v_w L}{v_s d_s^{1/2}}\right)^2 \tag{5.10}$$

式中:R_t——峰-谷粗糙度。

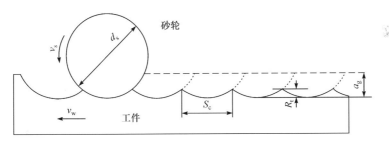

图 5.9　切削路径上的磨削轨迹及理论表面粗糙度

所以有

$$R_a = \frac{1}{9\sqrt{3}}\left(\frac{v_w L}{v_s d_s^{1/2}}\right)^2 \tag{5.11}$$

式中:R_a——算术平均粗糙度。

对于点磨削,有

$$R_{a1} = \frac{1}{9\sqrt{3}} \left(\frac{v_{we}L}{v_{se}d_{se}^{1/2}} \right)^2 \tag{5.12}$$

显然,这一模型与磨削深度 a_g 无关,而且受砂轮直径 d_s 粗糙度的影响较小。Malkin 指出,这一模型所计算的理论值误差较大,仅相当于试验测量值的 10^{-3}。表面粗糙度通常由工件-砂轮运动干涉模型得出。由式(5.7)可知,点磨削的当量速度与偏转角 β 无关,因此,部分学者认为点磨削表面粗糙度与偏转角 β 无关。

然而,试验结果表明(图 5.6～图 5.8),在快速点磨削中,表面粗糙度受磨削深度 a_g、倾斜角 α、偏转角 β 影响时,变化幅度分别为 0.45、0.25、0.25,这一结果与砂轮线速度 v_s、工件速度 v_w 的影响结果(变化幅度分别为 0.4、0.2)相当。因此,磨削深度 a_g、倾斜角 α、偏转角 β 对于表面粗糙度的影响都属显著要素,不可忽略。显然,快速点磨削中表面粗糙度运动学干涉模型与试验结果存在较大偏差。

5.4.2　Snoeys 经验模型

在实际加工中,砂轮地貌是不均匀的,其圆周方向上切刃的分布并非均匀等距,径向高度分布也不是均匀突出的。Snoeys 等通过内外圆切入磨削试验,获得了表面粗糙度数据,构建了表面粗糙度的经验公式为[6,7]

$$R_a = R_1 \left(\frac{v_w a_g}{v_s} \right)^x \tag{5.13}$$

式中:R_1——系数;

$\quad$ x——系数,$0.15 < x < 0.6$。

反映到点磨削时,即

$$R_{a2} = R_1 \left(\frac{v_{we} a_g}{v_{se}} \right)^x \tag{5.14}$$

5.4.3　磨屑厚度模型

将点磨削中当量尺寸代入式(5.14),且取 $a_{ge} = h_m$,有

$$R_{a3} = R_1 \left(\frac{v_{we} h_m}{v_{se}} \right)^x \tag{5.15}$$

即

$$R_{a3} = R_1 \left\{ 2v_w \cos\alpha \frac{L v_w \cos\alpha}{v_s^2} \left(d_s \cos\beta + \frac{d_w}{\cos^2\alpha} \right) \left(\frac{d_w}{\cos^2\alpha} \right)^{-1} \sqrt{\frac{a_g}{d_s \cos\beta}} \right.$$

$$-\left[\frac{Lv_{w}\cos\alpha}{v_{s}}\left(d_{s}\cos\beta+\frac{d_{w}}{\cos^{2}\alpha}\right)\left(\frac{d_{w}}{\cos^{2}\alpha}\right)^{-1}\right]^{2}\frac{1}{v_{s}d_{s}\cos\beta}\bigg\}^{x} \tag{5.16}$$

通常,点磨削加工中,倾斜角 α、偏转角 β 的变化范围很小,由式(5.16)可知,α、β 对表面粗糙度的影响极其微弱。

综上所述,表面粗糙度模型共有三种:第一种是 Malkin 的砂轮-工件运动学模型,如式(5.12)所示;第二种是 Snoeys 的经验模型,如式(5.14)所示;由于最大未变形切屑厚度是影响表面粗糙度的主要因素,将最大未变形切屑厚度考虑到模型之中,则可导出第三种模型,称为磨屑厚度模型,其形式如式(5.15)所示。

5.4.4　点磨削表面粗糙度数学模型改进[1]

前述三种模型中,R_{a1} 与 a_{g} 无关,并且点磨削变量角 α、β 对模型值 R_{a1}、R_{a2}、R_{a3} 的作用效果均不显著,这与试验结果并不符合,说明上述三个模型对点磨削陶瓷材料表面粗糙度的解析表达并不适用,因此对模型进行改进是非常必要的。通过对试验数据的分析,在 Snoeys 经验模型的基础上,假设一种新的模型为

$$R_{a4}=R_{1}\left(\frac{v_{we}h_{m}}{v_{se}}b^{k\alpha/\beta}\right)^{x} \tag{5.17}$$

式中:b——系数;

　　　k——系数。

考查式(5.17),由于点磨削变量角 α、β 的变化范围较小,其经过正弦或余弦变换后在模型中的权重是十分有限的,显然这与试验结果是不符合的。基于此,为了准确表达 α、β 对模型的作用效果,这里取 $\alpha_{e}=10\alpha$、$\beta_{e}=10\beta$。

已知 $d_{s}=180$,$d_{w}=30$,有五个待定系数 R_{1}、x、L、b、k;对于 L,根据砂轮微观形貌(图5.10),以某一随机磨粒为中心,测量并计算,其值为 $L=0.035$;若取 $R_{1}=1.85$,$x=0.25$,$b=0.4$,$k=-1.5$,可以计算出 R_{a1}、R_{a2}、R_{a3} 和 R_{a4} 的值,记试验测量值为 R_{a0}。

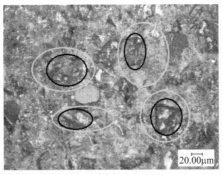

20.00μm

(a)

图5.10　砂轮表面微观形貌及磨粒间的平均距离

如图 5.11 所示,考查砂轮线速度 v_s 与表面粗糙度之间的关系:Malkin 运动学模型的计算数据 R_{a1} 基本处于零线位置,表明与实测值存在较大偏差;Snoeys 经验模型的 R_{a2}、磨屑厚度模型的 R_{a3} 与修正模型的 R_{a4} 变化趋势基本一致,而 R_{a4} 数据更加接近实测值。

如果以砂轮速度 v_s(图 5.11)为自变量,从四种模型与试验数据吻合程度上看,Malkin 运动学模型值 R_{a1} 与实测值偏差最大,Snoeys 经验模型值 R_{a2} 与磨屑厚

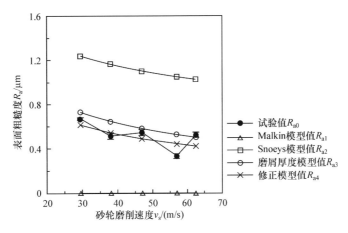

图 5.11　不同的表面粗糙度模型与砂轮线速度的关系

度模型值 R_{a3}、修正模型值 R_{a4} 的变化趋势基本一致,因此通过调节系数 R_1 的大小可以使某一模型更接近试验数据,三种模型具有同样的效果。

如图 5.12 所示,考查工件速度 v_w 与表面粗糙度之间的关系:Malkin 运动学模型值 R_{a1} 基本处于零线位置,与实测值的偏差较大;Snoeys 经验模型 R_{a2}、磨屑厚度模型值 R_{a3} 与修正模型值 R_{a4} 变化趋势基本一致,而 R_{a4} 的数据更加接近实测值。如果以工件速度 v_w(图 5.12)为自变量,从四种模型与试验数据吻合程度上看,Malkin 运动学模型值 R_{a1} 与实测值偏差最大,Snoeys 经验模型值 R_{a2} 与磨屑厚度模型值 R_{a3}、修正模型值 R_{a4} 的变化趋势基本一致,因此通过调节系数 R_1 的大小可以使某一模型更接近试验数据,三种模型的效果相同。

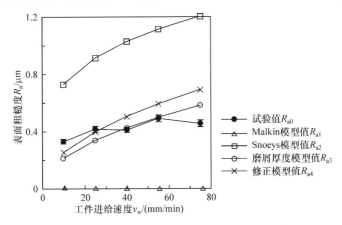

图 5.12　不同的表面粗糙度模型与进给速度的关系

如图 5.13 所示,随磨削深度 a_g 变化,试验数据变化范围波动较大,R_{a1} 与实测值存在较大偏差，R_{a2} 与 R_{a3}、R_{a4} 的趋势也不再相同，R_{a3}、R_{a4} 更加接近实测值。

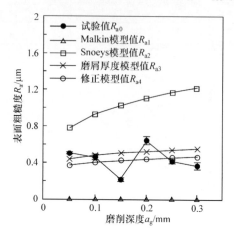

图 5.13　不同的表面粗糙度模型与磨削深度的关系

如图 5.14 所示，对比快速点磨削四种模型，从砂轮倾斜角 α 对表面粗糙度的影响曲线来看，只有改进模型值 R_{a4} 最接近试验值。这是因为 Malkin 模型值 R_{a1} 和 Snoeys 模型值 R_{a2} 都是基于金属普通磨削得出的结论，并未考虑点磨削特有的工艺参数，尽管这些模型的点磨削当量尺寸包含 α 和 β 的信息，但模型整体并未客观反映这两个因素所引起的变化规律，所以 Malkin 模型和 Snoeys 模型并不适合于点磨削。

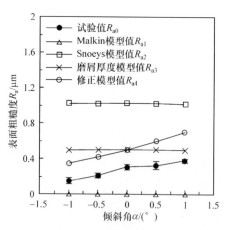

图 5.14　不同的表面粗糙度模型与倾斜角的关系

如图 5.15 所示，从砂轮偏转角 β 对表面粗糙度的影响曲线来看，快速点磨削的四种模型中，改进模型值 R_{a4} 最接近试验值。

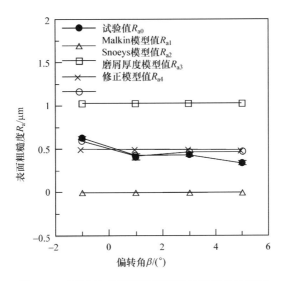

图 5.15　不同的表面粗糙度模型与偏转角的关系

5.5　氟金云母陶瓷点磨削表面粗糙度模型检验[1]

对于氟金云母陶瓷加工表面,采用 Malkin 运动学模型计算得到的结果仅相当于试验测试结果的 10^{-6},这一偏差比文献[6]提到的 10^{-3} 还要大,这是因为文献中获得的结果是在金属材料磨削中得到的,金属材料整体均匀性较好,零件被加工表面轮廓变化连续,宏观表现较为平整。而陶瓷材料本身随机分布的气孔,测量过程中,气孔组织成分粗糙度值会大幅度偏离加工表面的实际轮廓,因而造成粗糙度实测值与理论推导值相差更大。

5.5.1　标准差

为了研究各种模型计算值(R_{a1}、R_{a2}、R_{a3}、R_{a4})与试验值 R_{a0} 的吻合程度,采用标准差给予评价,令

$$\sigma = \sqrt{\frac{1}{N} \sum_{i=1}^{N} (R_{aji} - R_{a0})^2} \tag{5.18}$$

式中:R_{aji}——第 j 种模型的 i 个计算值,其中 $j = 1, 2, 3, 4$;

　　　σ——标准差;

　　　N——试验次数。

显然,标准差 σ 值越小(接近于 0),说明模型计算值与试验值的吻合程度越高。

如表 5.4 所示,由不同模型的标准差(σ)可知,Malkin 模型值 R_{a1}、Snoeys 模型值 R_{a2} 的 σ 值明显偏大,磨屑厚度模型的 σ 值略有降低,说明 Malkin 模型值 R_{a1}、Snoeys 模型值 R_{a2} 与试验值的吻合程度较差,模型的误差较大。而 R_{a3} 的精度较高,这说明表面粗糙度的确主要由最大未变形切屑厚度 h_m 决定,而受磨削深度 a_g 的影响较小,这与相关文献的研究结果是一致的。在所有四个模型中,对于全部五个工艺因素,改进模型的标准差(σ)最小,与试验情况吻合程度最好,精度最高。所以,修正模型的表达式是点磨削表面粗糙度较为理想情况下的解析表达式。

表 5.4　不同模型的标准差(σ)

因素	标准差(σ)			
	R_{a1}	R_{a2}	R_{a3}	R_{a4}
v_s	0.53041	0.60385	0.11001	0.07656
v_w	0.42387	0.58960	0.12707	0.08462
a_p	0.45274	0.64297	0.16023	0.13992
α	0.29145	0.75351	0.24038	0.24482
β	0.46787	0.58360	0.11274	0.07028

5.5.2　相对极值差

如果某一个模型的预测结果与试验值(真值)之间具有相同的标准差,则预测值的分布范围就反映了模型的精度。

第一种情况,如图 5.16 所示。假设所有模型的预测值都具有相同的标准差,但是所有预测值都向着远离最小二乘中位线方向偏离时,此时预测值的分布范围最大,超出了试验值的分布范围。

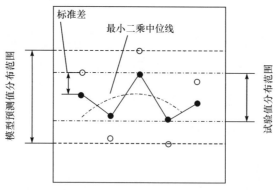

图 5.16　"相对极值差"示意图——所有预测结果都远离最小二乘中位线

　　第二种情况,如图 5.17 所示。假设所有模型的预测值都具有相同的标准差,但是所有预测值都向着靠近最小二乘中位线方向偏离,此时预测值的分布范围最小,紧缩在试验值的分布范围之内。

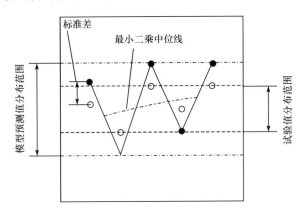

图 5.17　"相对极值差"示意图——所有预测结果都靠近最小二乘中位线

　　第三种情况,如图 5.18 所示。假设所有模型的预测值都具有相同的标准差,但是所有预测值都沿着相同的方向偏离(同时增大或同时减小,即向着最小二乘中位线同侧偏离),此时预测值的分布范围与试验值完全相同。

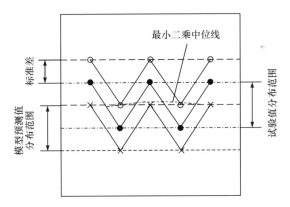

图 5.18　"相对极值差"示意图——所有预测结果向最小二乘中位线同侧偏离

　　尽管以上三种情况具有相同的标准差,但是前两种情况下的模型预测精度较差,因此,标准差并不能真实地反映模型的精度。所以,在评价模型对各因素的吻合程度的同时,还要关注模型对各因素的敏感程度。

　　为了研究各个工艺因素对表面粗糙度的敏感程度,首先引入相对极值差的概念:在某一因素作用下,模型预测数据的分布范围大小(模型预测数据极大值与极小值的差)与试验数据分布范围大小(试验数据极大值与极小值的差)的比值,

$$\Delta = \frac{\max\limits_{m \leqslant i \leqslant n} R_{aj} - \min\limits_{m \leqslant i \leqslant n} R_{aj}}{\max\limits_{m \leqslant i \leqslant n} R_{a0} - \min\limits_{m \leqslant i \leqslant n} R_{a0}} \tag{5.19}$$

式中：Δ——相对极值差；

R_{aj}——第 j 个模型的表面粗糙度；

i——第 i 个工艺因素的分类数据。

以相对极值差来考查在不同因素作用下各种模型预测数据的分布状态。相对极值差越接近于 1，表明在该因素作用下，预测结果与试验结果的分布范围相差越小，由此说明该工艺因素对目标函数作用适当，即属于敏感因素（或显著因素）。相对极值差越接近于零，说明该工艺因素对目标函数作用极其微弱，即属于不敏感因素（或无关因素）。相对极值差接近于无穷大，说明该工艺因素对目标函数作用超常，即属于过敏感因素（或噪声因素）。

表 5.5 给出了不同模型的相对极值差 Δ。根据 Malkin 模型的推导过程可知，R_{a1} 与 a_g 无关，模型中全部相对极值差 $\Delta = 0$，说明除磨削深度 a_g，其他四个因素也与其无关，因此 Malkin 模型实用性不大。砂轮速度 v_s、工件速度 v_w、磨削深度 a_g 对模型值 R_{a2} 和模型值 R_{a3} 的作用都比较显著，但是，倾斜角 α 和偏转角 β 对相应模型的相对极值差 Δ 的影响都比较小，表明 Snoeys 模型和磨屑厚度模型对 α 和 β 不敏感（或无关），而试验测量值表明 α 和 β 对表面粗糙度的影响较显著（如图 5.7 和图 5.8 所示），此时模型预测值与试验值出现了较大偏差。

表 5.5 不同模型的相对极值差（Δ）

因素	相对极值差（Δ）			
	R_{a1}	R_{a2}	R_{a3}	R_{a4}
v_s	0.00000	0.63217	0.67676	0.46220
v_w	0.00000	2.94072	2.69673	1.84136
a_p	—	1.03208	0.26298	0.17967
α	0.00000	0.01674	0.03011	1.21064
β	0.00000	0.00000	0.05842	0.48694

对于全部五个工艺因素，改进模型的相对极值差 Δ 最接近于 1，说明五个工艺因素对表面粗糙度模型都属于敏感因素，与试验数据结果比较一致。

5.5.3 模型验证

为了验证模型的精度与可靠性，设计了 $L_{16}(4^5)$ 正交试验（试验条件如表 5.2 所示）。试验结果如图 5.19 所示，由各种模型计算值比较可知，改进模型的计算数据与试验数据最为接近。所以，点磨削工程陶瓷表面粗糙度的改进模型较好地反映了点磨削加工过程的客观规律。

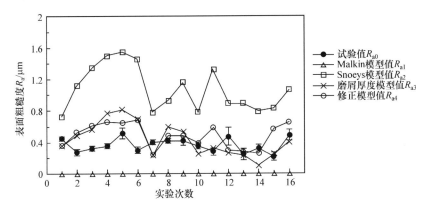

图 5.19　正交试验条件下不同模型预测结果对比

5.6　本 章 结 论

简单单因素试验结果表明,快速点磨削工程陶瓷时,以下五个工艺参数对表面粗糙度具有显著影响。随砂轮速度 v_s、偏转角 β 的增大,表面粗糙度减小;随工作台轴向进给速度 v_w、倾斜角 α 的增大,表面粗糙度增大;随磨削深度增大,表面粗糙度减小,但曲线出现了较大波动。

本章分析了三种表面粗糙度模型,并与试验值进行了比较。结果表明,Malkin 运动学模型值 R_{a1} 与实测值偏差最大,磨屑厚度模型值 R_{a3} 更接近实测值。在评价磨削速度、进给速度对表面粗糙度的影响时,Snoeys 模型值 R_{a2} 与磨屑厚度模型值 R_{a3} 基本一致;但在受磨屑厚度影响时,两者出现了偏差,R_{a3} 更加接近实测值,说明磨屑厚度更加精确地反映了粗糙度的变化规律。在评价倾斜角 α 和偏转角 β 时,三种模型都不显著。因此,本章提出了点磨削表面粗糙度修正模型的表达式,并通过正交试验进行了验证,结果显示,修正模型值 R_{a4} 与试验值保持了较好的一致性,说明修正模型具有一定的可靠度。

最后,本章提出了相对极值差的概念,以此来检验工艺参数与模型之间的敏感程度,同时以标准差来检验模型计算值与试验值的吻合程度。两者相结合的检验结果表明,在四种模型中,修正模型与工艺因素之间的敏感程度最高,其计算值与试验值的吻合程度最好,修正模型最为精确。

参 考 文 献

[1] MaL J, Gong Y D, Chen X H. Study on surface roughness model and surface forming mechanism of ceramics in quick point grinding[J]. International Journal of Machine Tools & Man-

ufacture,2014,77:82~92.

[2] Cai G Q,Li C H,Xiu S C. Study on dynamic strength model of contact layer in quick-point grinding[J]. Key Engineering Materials,2006,304:570~574.

[3] 修世超,蔡光起. 快速点磨削周边磨削层模型及参数[J]. 机械工程学报,2006,42(11):197~201.

[4] Ma L J,Gong Y D,Bao Y J. Experimental study on surface roughness in quick-pointgrinding engineering ceramics[J]. Applied Mechanics and Materials,2013,395-396:996~999.

[5] Malkin S. Grinding Technology,Theory and Applications of Machining with Abrasives[M]. New York:Ellis Horwood Limited,1989.

[6] Snoeys R,Peters J,Decneut A. The significance of chip thickness in grinding[J]. Annals of the CIRP,1974,23(2):227~237.

[7] Kedrov S M. Investigation of surface finish in cylindrical grinding operations[J]. Machines and Tooling,1980,51:40.

第6章 低膨胀微晶玻璃点磨削表面硬度

低膨胀微晶玻璃具有良好的耐热性、热几何稳定性，在军工、航空航天、精密光学和微电子设备等领域广泛应用[1-4]。低膨胀微晶玻璃的机械加工仍以磨削为主[5]，研究表明，影响其材料硬度的主要因素有材料组分、相组成、显微组织、冷变形等。机械加工后材料表面硬度会发生较大变化，而磨削过程中，这种变化会更加显著。表面硬度是衡量机械加工质量的重要指标之一，对机械零件乃至机器整体的使用寿命都具有重要的影响。

研究加工表面硬度与工艺参数之间的关系，对于低膨胀微晶玻璃点磨削的加工质量的提高具有重要的实用价值。多元回归分析是研究动态变化规律的有效方法之一[6]。左伟等[7]通过对训练数据进行多元回归分析，确定了模型系数，并建立了制导弹药允许发射区参数模型；张晗等[8]提出了一种改进的多元回归方法，建立了基因表达时间序列估计基因调控网络的方法框架；赵子亮等[9]应用多元回归技术建立了轮胎表面稳态温度与工作条件多因素变化回归方程。

本章通过对低膨胀微晶玻璃材料的成分测试，估算材料的理论硬度，分析材料表面硬度的主要影响因素；通过对低膨胀微晶玻璃的点磨削试验和多元回归统计分析，研究加工表面显微硬度与工艺参数之间的定量关系；基于最小二乘原理建立表面显微硬度与磨削速度 v_s、进给速度 v_w 和磨削深度 a_g 的多元线性回归模型，并对回归方程、回归系数进行显著性检验和模型验证。

6.1 多晶材料的理论硬度

根据原子核与电子互相作用原理及其基本运动规律，运用量子力学原理，从具体要求出发，经过一些近似处理后直接求解薛定谔方程的算法，习惯上称为第一性原理[10,11]。从第一性原理出发，可以计算出材料的理论硬度。

6.1.1 原子硬度

电负性表示原子吸引或称为"抓"电子的能力，这种能力可以用原子被屏蔽的核电荷在原子边界位置处引起的静电势表示，如式(6.1)所示：

$$\chi_a = \frac{Z_a}{r_a} \tag{6.1}$$

式中：Z_a——原子的价电子个数；

r_a——原子半径。

因此，可以将原子硬度定义为原子单位体积的抓电子能力，如下所示：

$$\eta_a = \frac{\chi_a}{r_a^3} \tag{6.2}$$

根据式(6.2)可以计算出原子硬度，其计算结果表明硬度最大的原子是氟，这是因为氟原子具有较高的价电子数和较小的原子半径。除氟以外，由于铁、钴、镍、锝、钌、铑、铼等原子具有较多的价电子个数，因此也具有相对较高的硬度。金刚石和石墨同为碳原子组成，但是石墨的硬度却远远低于金刚石，由此可知组成原子的硬度并不能决定材料的硬度，原子的晶体结构才是决定材料硬度的重要因素。

6.1.2 离子硬度

大多数化合物由离子组成，基于有效离子势，离子负电势模型[12,13]为

$$\chi_i = \frac{Z^*}{r_i} \tag{6.3}$$

$$Z^* = n^* \sqrt{\frac{I_m}{R}}$$

式中：r_i——离子半径；

χ_i——离子的有效核电荷在离子边界处引起的静电势；

Z^*——离子的有效核电荷；

n^*——有效主量子数；

I_m——离子的最后一级电离能；

R——里德堡常数，等于 13.6eV。

离子硬度可定义为离子单位体积的抓电子能力，即

$$\eta_i = \frac{\chi_i}{r_i^3} \tag{6.4}$$

根据式(6.4)计算离子硬度可知，硬度最大的离子是氟离子[14,15]。与原子相比，离子具有较小的半径，理论上，离子硬度应远远高于它们对应原子硬度。事实上，离子型的材料通常具有较低的硬度，说明离子硬度也不能决定材料硬度，键的离子性对材料硬度具有重大影响。Gilman 等[16]的研究发现，金刚石和金属铈的体积模量非常接近，但其硬度却相差非常大（金刚石的硬度通常为 80~100GPa，金属铈的硬度只有 4GPa），进一步说明了组成原子或离子的硬度并不是材料硬度的直接反映。

6.1.3 键硬度以及材料硬度

由于晶体结构和键的性质对材料硬度具有重要影响，对于共价键 $a—b$，如果

原子 a 和原子 b 的配位数分别为 CN_a 和 CN_b,那么,这个键可以认为是由 $1/CN_a$ 个 a 原子和 $1/CN_b$ 个 b 原子组成的[17]。键硬度就是两个成键原子分配到 a—b 键上的硬度平均值,即表示该化学键单位体积的抓电子能力,如下所示:

$$H_{ab} = \sqrt{\frac{\eta_a}{CN_a} \frac{\eta_b}{CN_b}} \qquad (6.5)$$

式中: η_a ——原子 a 的硬度;

η_b ——原子 b 的硬度。

由于 $\eta_{a(b)} = \dfrac{\chi_{a(b)}}{r_{a(b)}^3}$,式(6.5)可转化为如下形式:

$$H_{ab} = \frac{\sqrt{\dfrac{\chi_a}{CN_a} \dfrac{\chi_b}{CN_b}}}{\sqrt{r_a^3 r_b^3}} \qquad (6.6)$$

其中, $\sqrt{r_a^3 r_b^3}$ 可看成平均原子体积。假设键体积和平均原子体积之间存在线性关系,则

$$\frac{V}{N} = c \sqrt{r_a^3 r_b^3}$$

式中: V ——单位晶胞体积[16];

N ——单位晶胞中所含化学键的数目。

对于极性共价键,抓电子能力的不均匀分布会造成键硬度的减小,可引入一个校正因子 $\exp(-\delta f_i)$ 来描述这种效应,其中, f_i 是键的离子性因子,可表示为 $f_i = 0.25 |\chi_a - \chi_b| / \sqrt{\chi_a \chi_b}$, δ 是表示离子性对键硬度影响程度的常数。因此,极性共价键的键硬度可简化表示为

$$H_{ab} = \frac{\sqrt{\dfrac{\chi_a}{CN_a} \dfrac{\chi_b}{CN_b}}}{V/N} \exp(-\delta f_i) \qquad (6.7)$$

假设材料的硬度取决于其组成化学键的硬度,存在如下线性方程:

$$H = kH_{ab} + b \qquad (6.8)$$

式中: k、b ——常数;

H ——材料硬度。

6.2　磨削表面硬度的影响因素

6.2.1　材料组分

材料的硬度是表面抗变形能力的度量。通常,材料的性质及状态、热处理工艺

等,对材料硬度的影响非常大。例如,对于金属材料,常用的45#钢通过热处理后,表面可达到较高的硬度,但与低合金耐磨材料的硬度相比,仍然相差很大。同样,对于硬脆性非金属,材料的化学成分和显微组织是决定硬度的主要因素。

可以说,材料组分决定其显微组织,而显微组织决定了显微硬度,组织的显微硬度决定了材料硬度。

白志民等[18,19]研究了透辉石、红柱石对石英-黏土-长石三组分陶瓷硬度的影响。其陶瓷原料由石英、碱性长石、高岭土、红柱石组成,如表6.1所示。其化学成分、粒度、物理性质以及试验配方的原料配比都与文献[19]中相同,具体配方见表6.2。

表 6.1 试验原料的化学成分[18]

材料	SiO_2	TiO_2	Al_2O_3	Fe_2O_3	FeO	MnO	MgO	CaO	Na_2O	K_2O	P_2O_5	烧结损失
石英	>99.80											0.02
碱性长石	64.20	0.01	19.47	0.01	0.16	0.01	0.28	0.39	3.28	11.71	0.01	0.13
高岭土	45.20	1.15	38.80		0.06	0.00	0.03	0.02	0.18	0.13	0.00	13.90
红柱石	36.48	0.03	62.03		0.31	0.04	0.14	0.05	0.03	0.09	0.21	0.31

表 6.2 试验配方的原料配比[18]

配方	石英	碱性长石	高岭土	红柱石
1	30	30	40	0
2	27	27	36	10
3	24	24	32	20
4	21	21	28	30

结果表明,如图 6.1 所示,当烧结温度低于 1250℃时,不含红柱石者硬度明显

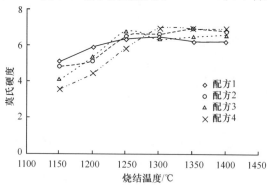

图 6.1 莫氏硬度与烧结温度的关系[18]

大于添加红柱石者,且添加红柱石量越大,硬度越小。当烧结温度高于 1250℃时,
添加红柱石者硬度略大于未添加者。

6.2.2　显微组织及其相变

众所周知,钢材金相组织中,马氏体最硬,贝氏体次之,珠光体的硬度比马氏体
和贝氏体低很多,奥氏体的硬度更低。因此,在工件热处理过程中,需要有效地控
制冷却速度,以减少珠光体和奥氏体组织,确保工件的硬度足够高。

当冷却速度≥600℃/min 时,只发生马氏体转变,其硬度值 HV 在 1034 以上。
当冷却速度在 4~600℃/min 时,发生贝氏体相变和部分马氏体转变,金相组织为
贝氏体和马氏体混合物,其硬度值 HV 为 642~889。珠光体的临界冷却速度约为
2℃/min,当有少量珠光体产生时,硬度下降为 HV=481。在 1℃/min 冷却速度下,
珠光体增多,硬度急剧下降为 HV=226。当冷却速度为 0.5℃/min 时,过冷奥氏体
冷却过程中没发生相变,金相组织为单一奥氏体和少量碳化物,其硬度值 HV=216。

如图 6.2 所示,研究表明[20],当 Ti-4.4Al-3.8Mo 合金变化到 1000℃时,其硬
度 HV 将增加 10%左右[21]。其主要原因是,在不同的淬火温度下,合金相组成发
生了变化。在 910℃淬火温度下,Ti-4.4Al-3.8Mo 合金相组成以 $\alpha(\alpha')$ 相为主,并
存在少量 α'' 相;而在 1000℃淬火温度下,样品中只含有 $\alpha(\alpha')$ 相。如图 6.2 所示,
对于马氏体型 $\alpha+\beta$ 钛合金,淬火时可能得到亚稳相:六方 α' 马氏体、斜方 α'' 马氏体
和亚稳 β 相,淬火后的相组成与淬火保温温度下平衡时 β 相的成分密切相关。在
马氏体转变时,β 相中的原子有规律地集体近程迁移,当 β 相中的合金元素含量
(特别是 β 稳定元素)较少时,原子位移较大,点阵改组可进行到底,得到密排六方

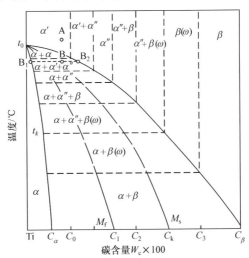

图 6.2　Ti-4.4Al-3.8Mo 合金相图[21]

点阵的 α' 相；当 β 相稳定元素含量较大时，点阵改组会受到阻碍，停留在某一中间阶段，就形成斜方点阵的 α'' 相。

6.2.3 磨削工艺参数对微观表面硬度的影响

在磨削加工过程中，工件由于受到切削力、切削热的作用，其表面与基体材料性能有很大不同，在物理力学性能方面发生了较大的变化，表层硬化就是典型例证。

砂轮刃口圆角和后刀面磨损对表面层的冷作硬化有很大影响，刃口圆角和后刀面的磨损量越大，冷作硬化层的硬度和深度也越大。

磨削用量中，影响较大的是磨削速度 v_s 和进给量 f。当 v_s 增大时，表面层的硬化程度和深度都有所减小。磨削速度增大会使温度升高，有助于冷作硬化的恢复，另外磨削速度增大时，砂轮与工件接触时间短，工件变形程度减小。当进给量 f 增大时，磨削力增大，塑性变形程度也增大，因此表面冷作硬化现象严重。但当 f 较小时，由于砂轮刃口圆角在加工表面上的挤压次数增多，表面冷作硬化现象也会严重。

因此，磨削加工时，要合理选择磨削用量，合理选择砂轮并及时修整，采取必要的冷却方法，改善磨削条件。

6.3 试　　验

6.3.1 试验目的及原理

为了研究加工表面硬度与工艺参数的关系，本节设计了简单单因素试验，即在其他条件保持不变的情况下，分别讨论磨削速度 v_s、进给速度 v_w 和磨削深度 a_g 对表面显微硬度的影响。其试验条件如表 6.3 所示。

表 6.3　快速点磨削简单单因素试验条件

组号	$v_s/(m/s)$	$v_w/(mm/min)$	a_g/mm
1～6	48	15	0.01～0.1
7～12	48	5～55	0.05
13～17	32～64	15	0.05

6.3.2 试验材料及设备

磨削试验在 MK9025A 型曲线磨床上进行（图 6.3(a)），采用 CBN 砂轮，对低膨胀微晶玻璃进行磨削，工件材料的主要性能参数为：密度 2.53g/cm³，热膨胀系

数 $2.0 \times 10^{-8} \sim 4.0 \times 10^{-8}/℃$，抗弯强度 173MPa，应力双折线＜4nm/cm。采用 HVS-30 型数显维氏硬度计，通过测量 87 个不同位置获得的平均硬度值为 3.84GPa。加工表面的显微硬度在 FM-ARS9000 型全自动显微硬度测量系统上进行测量(图 6.3(b))。

(a) MK9025A型曲线磨床

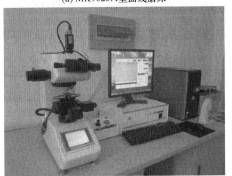

(b) FM-ARS9000型全自动显微硬度测量系统

图 6.3　试验机床及测试仪器

采用日本 HORIBA 公司的 7593-H 型能谱仪对试验材料进行能谱分析，测试其各组分原子百分比。随机选取 4 个不同工件，每个工件测量两个位置，共得到 8 个测量结果(每个结果均取 5 次测量的平均值)，采用 D/max 2000/PC 型 X 射线衍射仪(XRD)测试材料组分。

6.3.3　试验结果与讨论

1. 低膨胀微晶玻璃材料组分及理论硬度

以能谱和 X 射线衍射测试结果，对试验材料进行了成分分析。测试结果为各组分原子百分比，如图 6.4 和表 6.4 所示。

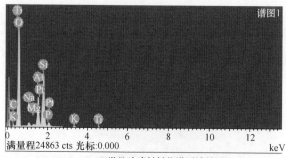

(a) 微晶玻璃材料能谱测试结果

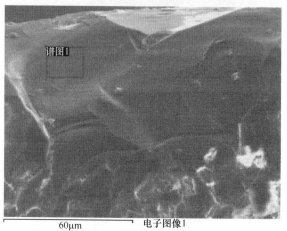

(b) 微晶玻璃材料能谱测试位置

图 6.4　能谱测试结果

表 6.4　低膨胀微晶玻璃组成元素及其原子百分比(重复次数＝5)

元素	试件编号及原子百分比/%								
	1	2	3	4	5	6	7	8	均值
C	8.14	9.36	15.88	8.34	24.29	51.55	20.08	17.63	19.407
O	76.72	76.70	67.15	70.73	67.10	44.85	66.51	67.85	67.201
Na	1.11	1.04	0.94	1.33	0.77	1.03	0.89	0.97	1.01
Mg	0.30	0.33	0.31	0.42	0.39	0.10	0.46	0.31	0.337
Al	4.40	4.00	5.02	5.80	2.50	0.84	3.82	4.24	3.827
Si	8.51	7.91	9.72	12.16	4.58	1.52	7.51	8.23	7.517
P	0.61	0.52	0.66	0.87	0.28	0.09	0.51	0.55	0.510
K	0.05	0.03	0.10	0.07	0.03	0.03	0.07	0.07	0.055
Ti	0.09	0.06	0.14	0.17	0.03	0	0.071	0.09	0.080
总量	100	100	100	100	100	100	100	100	100

注:本表数据对含量微小的元素体及烧结过程中引入的杂质(如 Pt)予以省略。

根据能谱和 X 射线衍射结果,可以推断微晶玻璃的材料化学结构组分为 $8.5Si(CO_3)_2$-$0.337MgO$-$5.74Al_2O_3$-$0.08TiO_2$-$0.055K_3PO_4$-$0.5Na_3PO_4$。

假设上述组分均匀分布,各组分之间以共价键联系,则可根据离子键、共价键的键硬度,以及式(6.6)~式(6.8),计算出材料的理论硬度 $HV_{th}=21.93GPa$。然而,按照粉末冶金材料制备工艺,陶瓷由材料均匀混合高温烧结而成,由于材料制备过程中成型压力为常压,各组分之间并未完全形成固溶相,同时材料内部还存有较多的夹杂、气孔等成分(图6.5),即各组分之间并非以共价键联系,而是以弱键联系较多,所以,材料的实际硬度(3.84GPa)要远低于理论硬度 HV_{th}。

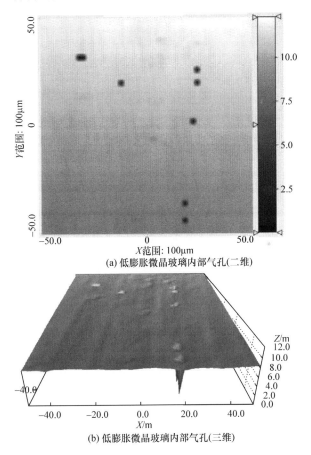

(a) 低膨胀微晶玻璃内部气孔(二维)

(b) 低膨胀微晶玻璃内部气孔(三维)

图6.5　低膨胀微晶玻璃材料内部的气孔组织

2. 磨削速度与微晶玻璃的表面显微硬度

在低膨胀微晶玻璃快速点磨削过程中,磨削表面显微硬度与磨削速度之间的关系如图6.6所示。随磨削速度的增大,点磨削表面硬度总体呈下降趋势,当磨削

速度 $v_s = 40\text{m/min}$ 时,磨削表面显微硬度出现了最大值 HV＝6.42GPa。

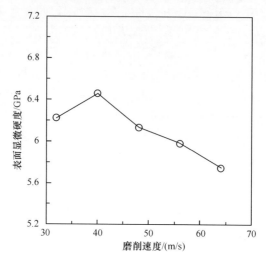

图 6.6　表面显微硬度与磨削速度的关系

3. 进给速度与微晶玻璃的表面显微硬度

在快速点磨削过程中,微晶玻璃磨削表面显微硬度与进给速度之间的关系如图 6.7 所示。随进给速度的增大,点磨削表面硬度总体呈下降趋势,当进给速度 $v_w = 25\text{mm/min}$ 时,磨削表面显微硬度出现了最大值 HV＝6.3GPa。

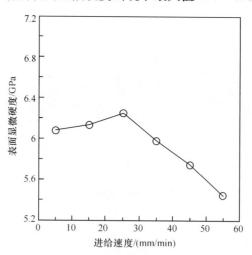

图 6.7　表面显微硬度与进给速度的关系

4. 磨削深度与微晶玻璃的表面显微硬度

在快速点磨削过程中,微晶玻璃磨削表面显微硬度与磨削深度 a_g 之间的关系如图 6.8 所示。随磨削深度的增大,点磨削表面硬度总体呈上升趋势,当磨削深度 $a_g=0.1\text{mm}$ 时,磨削表面显微硬度出现了最大值 HV=6.56GPa。

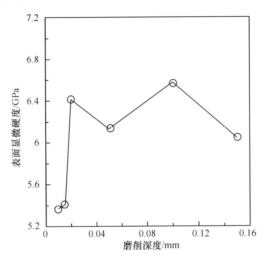

图 6.8 表面显微硬度与磨削深度的关系

6.4 微晶玻璃点磨削表面显微硬度的多元回归分析

6.4.1 多元回归预测模型的建立

基于表面显微硬度的单因素分析,讨论多因素对表面显微硬度的影响规律。如图 6.6~图 6.8 所示,磨削速度 v_s、进给速度 v_w 和磨削深度 a_g 对表面显微硬度 HV 的影响都不是线性关系,不能直接利用多元线性回归的方法进行直接拟合,因此,需要进行换元处理。

如图 6.6 所示,磨削速度 v_s 与表面显微硬度的关系可视为"对勾函数"处理,换元后的因素 x_1 如式(6.9)所示,换元后的参数 x_1 与表面硬度 HV 的关系如图 6.9 所示。

$$x_1 = \frac{1}{v_s + \dfrac{1489}{v_s}} \tag{6.9}$$

同理,如图 6.7 所示,进给速度 v_w 对表面粗糙度的影响可按正弦关系处理,并令换元后的因素为 x_2,其形式如式(6.10)所示,换元后的参数 x_2 与表面硬度 HV

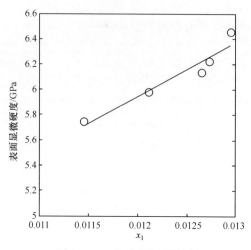

图 6.9　x_1 与表面显微硬度

的关系如图 6.10 所示。

$$x_2 = \sin(0.05544v_w + 0.5214) \tag{6.10}$$

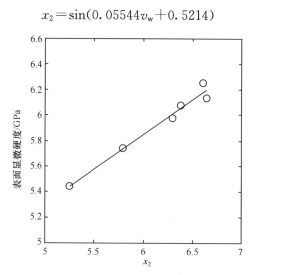

图 6.10　x_2 与表面显微硬度

　　如图 6.8 所示，磨削深度 a_g 对表面显微硬度的影响按指数规律变化，添加 $a_g + b$ 和 $\lambda a_g + b_1$ 分别作为系数和指数进行修正，并令换元后的因素为 x_3，其形式如式(6.11)所示，换元后的参数 x_3 与表面硬度 HV 的关系如图 6.11 所示。

$$x_3 = (a_g + 0.25967)a_g^{38.7a_g + 0.4192} \tag{6.11}$$

　　如图 6.9～图 6.11 所示，对换元后的新变量进行单因素拟合，大部分数据点都均匀落在直线两侧，各因素与硬度具有较好的线性关系。基于换元结果，建立表面显微硬度的多元线性回归模型如式(6.12)所示。

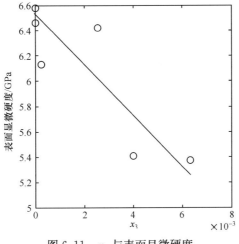

图 6.11　x_3 与表面显微硬度

$$y = \beta_0 + \beta_1 x_1 + \beta_2 x_2 + \beta_3 x_3 + \varepsilon \qquad (6.12)$$

式中：β_0、β_1、β_2、β_3——各项系数；

　　　$\varepsilon \sim (0, \sigma^2)$；

　　　σ——标准差。

根据磨削试验数据，构造回归矩阵为

$$y = \begin{bmatrix} 5.3708 \\ 5.4118 \\ 6.4182 \\ 6.1322 \\ 6.5784 \\ 6.4618 \\ 6.0789 \\ 6.1322 \\ 6.2501 \\ 5.9758 \\ 5.7396 \\ 5.4412 \\ 6.2194 \\ 6.4561 \\ 6.1322 \\ 5.9787 \\ 5.7424 \end{bmatrix}, \quad x = \begin{bmatrix} 0.006363 & 6.643376 & 0.012655 \\ 0.00399 & 6.643376 & 0.012655 \\ 0.002542 & 6.643376 & 0.012655 \\ 0.00026 & 6.643376 & 0.012655 \\ 0.000018 & 6.643376 & 0.012655 \\ 0.00000298 & 6.643376 & 0.012655 \\ 0.00026 & 6.38338 & 0.012655 \\ 0.00026 & 6.643376 & 0.012655 \\ 0.00026 & 6.610882 & 0.012655 \\ 0.00026 & 6.295632 & 0.012655 \\ 0.00026 & 5.792064 & 0.012655 \\ 0.00026 & 5.251032 & 0.012655 \\ 0.00026 & 6.643376 & 0.012734 \\ 0.00026 & 6.643376 & 0.012949 \\ 0.00026 & 6.643376 & 0.012655 \\ 0.00026 & 6.643376 & 0.012108 \\ 0.00026 & 6.643376 & 0.011459 \end{bmatrix} \qquad (6.13)$$

解得系数矩阵 β 为

$$\beta = \begin{bmatrix} \beta_0 \\ \beta_1 \\ \beta_2 \\ \beta_3 \end{bmatrix} = \begin{bmatrix} -3.7438 \\ 467.4368 \\ 0.624 \\ -151.5841 \end{bmatrix} \tag{6.14}$$

因此,表面显微硬度的多元线性回归模型为

$$y = -3.7438 + 467.4368x_1 + 0.624x_2 - 151.5841x_3 \tag{6.15}$$

将 x_1、x_2、x_3 代入式(6.15)得式(6.16)所示的多元回归方程:

$$HV = 467.4368\,\frac{1}{v_s + \dfrac{1489}{v_s}} + 0.624\sin(0.05544v_w + 0.5214)$$

$$-151.5841(a_g + 0.25967)a_g^{38.7a_g + 0.4192} - 3.7438 \tag{6.16}$$

6.4.2　模型检验

1. 模型显著性的 F 检验

计算检验统计量 $F_a(n, m-n-1)$ 的值,因素数 $n=3$,试验次数 $m=17$。取置信水平 $a=0.05$ 时,可计算出残差平方和 $Q=(y_i-\hat{y}_i)^2=0.5044$,回归平方和 $U=(\hat{y}_i-\bar{y})^2=1.7691$,总平方和 $L_{y'y}=U+Q=2.2735$,则 $F=\dfrac{U/3}{Q/13}=15.198$。

查 F 分布表得临界值:当 $n=3$、$m=17$ 时,有 $F_{0.05}(3,13)=3.59$,即 $F>F_a$,因此,F 检验结果表明预测模型是显著的。

2. 模型显著性的相关性检验

计算模型的相关性系数 R 为

$$R = \sqrt{\frac{U}{L_{y'y}}} = 0.8821$$

查相关系数临界值表,当取置信水平为 0.05 时,相关系数的临界值为 $R_{0.05}=0.648$,$R>R_{0.05}$,结果表明模型具有较高的显著性。

6.4.3　回归系数的显著性检验

在多元回归分析中,回归方程显著并不能代表方程中每个自变量对目标函数的影响都是重要的,为了更好地对试验结果进行预测,还需要对各回归系数进行显著性检验。

假设 $H_0: \beta_i=0$,其中 $i=1,2,3$。

计算统计量:

$$F_i = \frac{\beta_i^2}{(Q/13)(c_{ii}/C)} \sim F(1, m-n-1) \tag{6.17}$$

式中:H——假设;

　　β_i——多元线性回归方程中第 i 项的系数;

　　F_i——统计量;

　　C——相关矩阵;

　　c_{ii}——相关矩阵中的第 i 个对角元素。

$$C = (X' \cdot X)^{-1} = \begin{bmatrix} 21663.6 & -19.5 & -14490.8 \\ -19.5 & 0.4463 & 71.2 \\ -14490.8 & 71.2 & 602035.9 \end{bmatrix} \tag{6.18}$$

其中,$X = [x_1, x_2, x_3]$,是 17×3 的矩阵;X' 是 X 的转置矩阵。

由式(6.18)可得相关矩阵 $C = 5.4289 \times 10^9$,取置信水平 $\alpha = 0.05$,根据式(6.17)得

$$F_1 = 1.484 \times 10^{11} \approx \infty, \quad F_2 = 1.22 \times 10^{11} \approx \infty, \quad F_3 = 5.08 \times 10^{10} \approx \infty$$

查 F 分布临界值表有 $F_{0.05}(1, 13) = 3.41$。因为 $F_1 > F_2 > F_3 > F_{0.05}$,所以全部回归系数都是显著的。又因为 F_1、F_2、F_3 的值远远大于临界值,所以磨削速度、进给速度和磨削深度对零膨胀微晶玻璃陶瓷的表面显微硬度都具有较高的贡献。

由回归方程与回归系数的两方面的检验结果表明,点磨削低膨胀微晶玻璃时,采用基于最小二乘的多元回归预测模型进行检验具有较高的可靠性。

6.4.4　模型验证

如图 6.12 所示,将模型计算值和试验值进行比较不难发现,两条曲线中绝大多数点相接近,说明预测模型与实际情况相吻合,具有较高的可靠性。

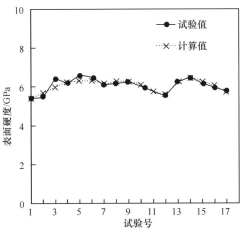

图 6.12　试验测试值与模型计算值比较

如表 6.5 所示,为了验证模型的可靠性,从试验数据中抽出第 5、第 10、第 15 三组进行检验,得到的最大误差为 4.015%,说明模型具有较高的可靠度。

表 6.5　误差表

序号	表面显微硬度/GPa		误差/%
	计算值	试验值	
5	6.3143	6.5784	4.015
10	6.0606	5.9758	1.419
15	6.2776	6.1322	2.371

6.5　本章结论

本章通过材料成分分析估算了材料的理论硬度,测量了微晶玻璃的实际硬度,并将两者进行了比较,结果表明实测值仅相当于理论值的 1/4。材料制备过程中存在的夹杂、气孔等成分,造成各组分之间以弱键联系,并非理想的共价键,这是材料实测硬度较小的原因。

材料组分决定其显微组织,而显微组织决定了显微硬度,组织的显微硬度决定了材料硬度。微晶玻璃点磨削中影响表面硬度的主要因素包括材料的化学成分、显微组织及其相变、磨削工艺参数等。

通过磨削试验和多元回归统计分析,基于最小二乘原理建立了表面显微硬度与磨削速度、进给速度和磨削深度的多元线性回归模型。利用 F 检验对回归方程和回归系数进行了显著性检验,利用相关系数对模型进行了相关性检验,两种检验结果表明,点磨削低膨胀微晶玻璃时,多元回归预测模型具有较高的显著性。试验验证结果表明计算值与试验值基本吻合,最大误差为 4.015%,说明模型具有较高的可靠性。

参 考 文 献

[1] Wolfram H, George B. Glass-Ceramic Technology[M]. Westerville: The American Ceramic Society, 2002.

[2] 郑伟宏,程金树,楼贤春,等.透明零膨胀 LAS 系微晶玻璃的制备和研究[J].硅酸盐通报,2006,25(5):60～63.

[3] Ramirez J, Matsumaru K, Ishizak K. Development of a near zero thermal expansion porous material[J]. Journal of the Ceramic Society of Japan, 2006, 114:1111～1114.

[4] Ramirez I J, Matsumaru K, Ishizaki K, et al. Particle size effect of LiAlSiO₄ on thermal expansion of SiC porous materials[J]. Ceramic Processing Research, 2008, 9(5):509～511.

[5] 黄新春,张定华,姚倡锋,等.镍基高温合金 GH4169 磨削参数对表面完整性影响[J].航空动

力学报,2013,28(3):621~628.

[6] 马廉洁,单增瑜,庞正,等.玻璃陶瓷切削效率多元回归数值模拟研究[J].组合机床与自动化加工技术,2013,(6):113~115.

[7] 左伟,冯金富,张佳强.制导弹药允许发射区参数模型设计[J].兵工学报,2011,32(5):596~601.

[8] 张晗,宋满根,陈国强,等.一种改进的多元回归估计基因调控网络的方法[J].上海交通大学学报,2005,39(2):270~273.

[9] 赵子亮,王庆年,李杰,等.基于滚动状态轮胎温度场的稳态热分析[J].机械工程学报,2001,37(5):30~34.

[10] 陈舜麟.计算材料科学[M].北京:化学工业出版社,2005.

[11] Gou H,Hou L,Zhang J,et al. First-principles study of low compressibility osmium borides[J]. Applied Physics Letters,2006,88(22):221904~221904-3.

[12] Liu A Y,Cohen M L. Prediction of new low compressibility solids [J]. Science,1989,245(4920):841~842.

[13] Li K,Xue D. Estimation of electronegativity values of elements in different valence states [J]. The Journal of Physical Chemistry A,2006,110(39):11332~11337.

[14] Lide D R. CRC Handbook of Chemistry and Physics[M]. 84th ed. Boca Raton,FL:CRC Press,2003.

[15] Emsley J. The Elements[M]. 2nd ed. New York:Oxford University Press,1991.

[16] Gilman J J,Cumberland R W,Kaner R B. Design of hard crystals [J]. International Journal of Refractory Metals and Hard Materials,2006,24(1-2):1~5.

[17] Li K,Wang X,Zhang F,et al. Electronegativity identification of novel super hard materials [J]. Physical Review Letters,2008,100(23):235504.

[18] 白志民,马鸿文.红柱石对石英-黏土-长石三组分陶瓷性能的影响[J].期硅酸盐学报,2003,31(4):393~397.

[19] 白志民,马鸿文.透辉石对石英-黏土-长石三组分陶瓷显微结构的影响[J].硅酸盐学报,2003,31(1):9~14.

[20] 有色金属及其热处理编写组.有色金属及其热处理[M].北京:国防工业出版社,1981.

[21] 张岷,杨义,李长富,等. Ti-4.4Al-3.8Mo 合金的亚稳相变及其对硬度的影响[J].材料研究学报,2008,22(1):68~71.

第7章　可加工陶瓷点磨削表面质量建模与优化

7.1　磨削表面质量及其评价指标

7.1.1　表面质量与零件的使用性能

如图 7.1 所示,加工表面质量对零件的使用性能(如耐磨性、耐疲劳性、工作精度、耐腐蚀性等)具有重要的影响。

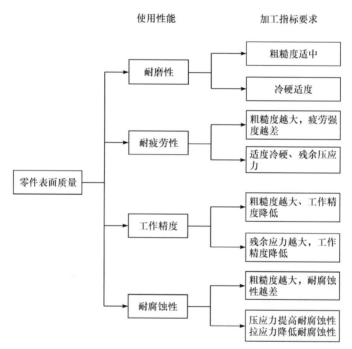

图 7.1　加工表面质量对零件的使用性能的影响

7.1.2　磨削表面质量评价指标

磨削表面质量的评定指标有两方面(图 7.2):

(1) 表面微观几何形状特征方面,包括粗糙度、波度、纹理方向、表面瑕疵等。

(2) 表面层物理力学特征方面,包括表面层的加工硬化程度及硬化层深度、表面层金属组织的变化情况、残余应力的大小及性质等。

在磨削加工中,表面形成过程非常复杂,通常用以下四项指标来衡量表面质量

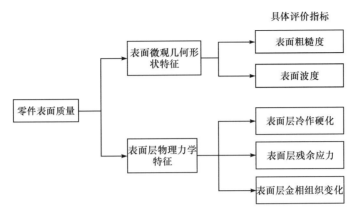

图 7.2　加工表面质量的评价指标

的好坏,即表面粗糙度、表层硬度(加工硬化程度及硬化层深度)、表层金相组织、表层残余应力(大小及性质)。

7.1.3　磨削表面质量的影响因素

1. 磨削加工表面粗糙度的影响因素

在磨削用量方面,砂轮速度 v_s 增大,磨削表面粗糙度减小;工件速度 v_w 增大,磨削表面粗糙度增大;轴向进给量 f_a 增加,磨削表面粗糙度增大;磨削深度 a_g 增大,磨削表面粗糙度增大。砂轮参数方面,砂轮粒度越细,磨削表面粗糙度越好;磨粒硬度越高,磨削表面粗糙度越好。无火花磨削行程次数增加,磨削表面粗糙度减小。

2. 磨削表面加工硬化的影响因素

在磨削加工中,已加工表面表层金属硬度高于里层金属硬度的现象称为加工硬化。产生加工硬化的主要原因是磨削径向力。通常用 N 来表示磨削表面硬化程度,

$$N = \frac{H - H_0}{H_0} \times 100\% \tag{7.1}$$

式中: H——硬化层显微硬度(HV);

H_0——基体层显微硬度(HV)。

已加工表面至硬化处的垂直距离称为硬化层深度 $h_i(\mu m)$,即硬化层深入基体的距离,一般为几十微米至几百微米,磨削表面硬化程度 N 可达 $120\% \sim 200\%$。加工硬化与表层深度的关系如图 7.3 所示。

3. 磨削表面残余应力的影响因素

在磨削加工中,由于砂轮参数、工件材料性能、磨削用量等会导致机械应力、热应力、表层金属组织发生相变,进而引起表层残余应力,实际应力状态是上述各因

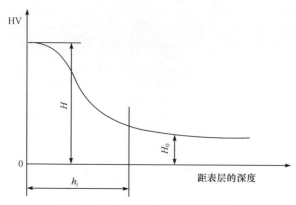

图 7.3　加工硬化与表层深度的关系

素影响的综合结果。

7.2　算 法 简 介

7.2.1　BP 神经网络算法原理

　　BP(back propagation)神经网络是一种多层前向型神经网络,其结构一般包含一个输入层、一个或多个隐含层、一个输出层,且上下层之间实现全互连,同层节点之间互不相连。BP 神经网络具有良好的泛化逼近能力,根据 Kolmogorov 定理,单隐层 BP 神经网络具有任意精度逼近任意非线性函数的能力,因此,BP 神经网络在函数逼近、数值模拟、模式识别等方面得到了广泛的应用。单隐层 BP 神经网络拓扑结构如图 7.4 所示。

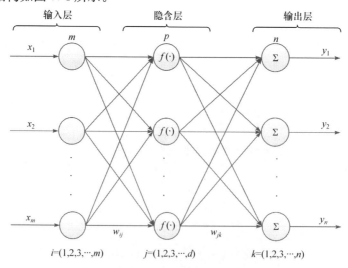

图 7.4　单隐层 BP 神经网络的网络拓扑结构[1]

BP 神经网络学习算法是基于最小均方误差的学习法则,其学习过程分为两个阶段,第一阶段是工作信号的正向传播,第二阶段是误差的反向传播(图 7.5)。在正向传播阶段,BP 神经网络输入向量通过隐含层在输出层得到相应输出向量,如果输出向量与期望向量的误差未达到预设精度,则网络学习进入误差反向传播阶段,在此阶段中,误差信号经过输出层逐层向前传播,对网络权值与阈值进行不断修正,以使误差信号达到预设精度。单隐含层 BP 神经网络的数学推导如图 7.5所示[2]。

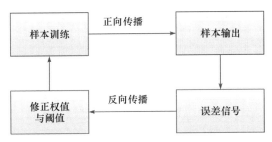

图 7.5　BP 神经网络算法示意图

设输入层节点为 $X=[x_1,x_2,\cdots,x_m]$,隐含层节点为 $P=[p_1,p_2,\cdots,p_d]$,输出层节点为 $Y=[y_1,y_2,\cdots,y_n]$,输出层期望向量为 $S=[s_1,s_2,\cdots,s_n]$,隐含层的阈值向量为 $B=[b_1,b_2,\cdots,b_d]$,输出层阈值向量为 $C=[c_1,c_2,\cdots,c_n]$,输入层 X 与隐含层 P 间的网络权值为 w_{ij},隐含层 P 与输出层 Y 间的网络权值为 w_{jk},其中 $i=1,2,\cdots,m,j=1,2,\cdots,d,k=1,2,\cdots,n$,则隐含层节点输出向量为

$$p_j = f\left(\sum_{i=1}^{d} w_{ij}x_i - b_j\right) = f(\text{net}_j) \tag{7.2}$$

其中,$\text{net}_j = w_{ij}x_i - b_j$,$f(\text{net}_j)$ 为激活函数。

输出层输出向量为

$$y_k = f\left(\sum_{j=1}^{n} w_{jk}p_j - c_k\right) = f(\text{net}_k) \tag{7.3}$$

其中,$\text{net}_k = w_{jk}p_j - c_k$,$f(\text{net}_k)$ 为激活函数。

输出层误差函数为

$$E = \frac{1}{2}\sum_{k=1}^{n}(y_k - s_k)^2 = \frac{1}{2}\sum_{k=1}^{n}(f(\text{net}_k) - s_k)^2 \tag{7.4}$$

基于误差函数对输出层各节点进行求偏导,得

$$\frac{\partial E}{\partial w_{jk}} = \sum_{i=1}^{n}\frac{\partial E}{\partial y_i}\frac{\partial y_i}{\partial w_{jk}} = \frac{\partial E}{\partial y_k}\frac{\partial y_k}{\partial w_{jk}} \tag{7.5}$$

$$\frac{\partial y_k}{\partial w_{jk}} = \frac{\partial\left(\sum_{j=1}^{n} w_{jk}p_j - c_k\right)}{\partial w_{jk}} = f'(\text{net}_k) \tag{7.6}$$

$$\frac{\partial E}{\partial y_k} = (y_k - s_k) f'(\mathrm{net}_k) = \delta_k \tag{7.7}$$

基于输出层的 δ_k 与隐含层的误差函数，对隐含层各节点进行求偏导，得

$$\frac{\partial E}{\partial w_{jk}} = \frac{\partial E}{\partial y_k} \frac{\partial y_k}{\partial w_{jk}} = \delta_k f'(\mathrm{net}_k) \tag{7.8}$$

$$\frac{\partial E}{\partial w_{ij}} = \frac{\partial E}{\partial p_j} \frac{\partial p_j}{\partial w_{ij}} \tag{7.9}$$

$$\frac{\partial p_j}{\partial w_{ij}} = \frac{\partial \left(\sum_{i=1}^{m} w_{ij} x_i - b_j \right)}{\partial w_{ij}} = f'(\mathrm{net}_j) \tag{7.10}$$

$$\frac{\partial E}{\partial p_j} = \sum_{j=1}^{d} \delta_k w_{ij} f'(\mathrm{net}_j) = \theta_j \tag{7.11}$$

基于输出层的 δ_k 与隐含层的 θ_j，对权值 w_{ij} 和 w_{jk} 进行修正得

$$\Delta w_{ij} = \eta \delta_k p_j \tag{7.12}$$

$$\Delta w_{ij} = \eta \delta_k p_j \tag{7.13}$$

计算总误差函数为

$$E_0 = \frac{1}{2m} \sum_{i=1}^{m} \sum_{k=1}^{n} (y_k - d_k)^2 \tag{7.14}$$

至此，BP 神经网络完成一次学习过程，当误差达到预设精度时，算法结束，否则，进入下一轮学习，直至误差达到预设精度。

7.2.2　PSO 算法原理

粒子群（particle swart optimization，PSO）算法是一种模拟群聚生物的仿生算法，由于其具有计算简单、鲁棒性好等优点，在解决多维连续空间优化问题时有着广泛的应用。

PSO 算法的基本思想为迭代思想。在算法初始阶段，随机产生一群种群数为 M_0 组的随机粒子，在 J_0 维的目标搜索空间中，通过对自己进行不断迭代更新，以找到粒子最优的速度与位置，迭代终止条件为预先设定的最小适应度阈值或最大迭代次数。

$$\begin{cases} v_{ij}(t+1) = w v_{ij}(t) + c_1 r_1 (p_{ij} - x_{ij}(t)) + c_2 r_2 (p_{kj} - x_{ij}(t)) \\ x_{ij}(t+1) = x_{ij}(t) + v_{ij}(t+1) \end{cases} \tag{7.15}$$

式中：c_1、c_2——学习因子；

　　　w——常惯性权重；

　　　r_1、r_2——$U(0,1)$ 分布的随机数；

x_{ij}——第 i 个粒子在第 j 维的位置;$i=1,2,\cdots,M_0$;$j=1,2,\cdots,J_0$;

v_{ij}——与 x_{ij} 相对应的飞行速度;

t——迭代的次数。

7.2.3 PSO 算法改进 BP 神经网络

针对 BP 神经网络容易陷入局部解的缺点,采用 PSO 算法对 BP 神经网络的权值和阈值进行优化,以提高预测精度。设置网络输入层节点数为 5,隐含层节点数为 11,输出层节点数为 1,隐含层传递函数 f_1 为 tansig 型函数,输出层传递函数 f_2 为 purelin 型函数。三层 BP 神经网络拓扑结构如图 7.6 所示。网络以前向的方式传递,其输入层为 P。

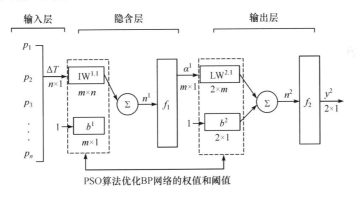

图 7.6　BP 神经网络拓扑结构

利用 PSO 算法改进 BP 神经网络,首先将网络中包含的 78 个待优化权值(包括阈值)组成一个向量,代表粒子群中的个体;再根据设置的粒子种群规模,按上述个体结构随机产生既定数目的微粒组成种群,其中不同的个体代表神经网络的一组不同权值。

初始化个体极值和种群极值。将粒子群中每一个体映射为网络中的一组权值,从而构建一个神经网络。对每一个体对应的神经网络输入训练样本进行训练。网络权值的优化是一个反复迭代的过程,通常为了保证所训练的神经网络具有较强的泛化能力,在网络的训练过程中,将给定的空间分成训练样本和测试样本。而在权值优化过程中,每进行一次训练,都要对给定的样本集进行分类,以保证每次训练时采用的训练集不同。

计算每一个网络在训练集上产生的误差的平方和,以此作为适应度函数,来评价粒子群中的所有个体,从中找到最佳个体用来判断是否需要更新粒子的个体极值和种群极值;然后按照设置的粒子飞行速度来产生新的个体,当适应度值小于给定的最大误差 10^{-6} 时,算法终止。

为了提高算法的全局收敛能力,在 PSO 算法的进化方程中加入惯性权重因子。惯性权重表示粒子原来的速度在多大程度上得以保留。设置初始惯性权重为0.9,结束惯性权重为 0.1,使算法在迭代初期保持了较强的全局搜索能力,在迭代后期能进行更精确的局部开发。

PSO 算法改进 BP 神经网络算法流程如图 7.7 所示。

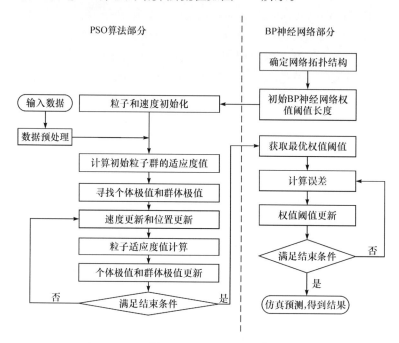

图 7.7　PSO 算法改进 BP 神经网络算法流程图

7.3　基于 PSO-BP 的氟金云母点磨削表面粗糙度单因素数值拟合

7.3.1　砂轮速度与表面粗糙度

如图 7.8 所示,当砂轮速度从 29.5m/s 增加到 38m/s 时,表面粗糙度从0.67μm 下降到 0.52μm;当砂轮速度从 38m/s 增加到 47m/s 时,表面粗糙度从0.52μm 上升到 0.55μm;当砂轮速度从 47m/s 增加到 57m/s 时,表面粗糙度从0.55μm 快速下降到 0.34μm;当砂轮速度从 57m/s 增加到 62.5m/s 时,表面粗糙度从 0.34μm 重新大幅上升到 0.53μm。据此可以提出表面粗糙度关于砂轮速度的一元模型,该模型以截断的正弦函数为基础,由于数值的幅值具有较大差距,所以在正弦函数前乘上二次项 $bv_s^2 + cv_s + d$ 加以修正,一元模型为 $R_a = a(bv_s^2 +$

$cv_s+d)\sin(gv_s+h)+k$，通过最小二乘拟合，解得模型如式(7.16)所示。其相关系数为 0.9951，表明模型具有较高精度。

$$R_a=1.353(-0.000981v_s^2+0.08185v_s$$
$$-1.664)\sin(0.1544v_s-0.243)+0.5334 \qquad (7.16)$$

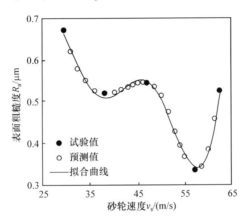

图 7.8　砂轮速度对表面粗糙度的影响

7.3.2　进给速度与表面粗糙度

如图 7.9 所示，随进给速度的增大，表面粗糙度总体是一个先减小后增大再减小的过程。当进给速度从 10mm/min 增加到 25mm/min 时，表面粗糙度从 0.53μm 快速下降到 0.42μm；当进给速度从 40mm/min 增加到 55mm/min 时，表面粗糙度从 0.41μm 大幅上升到 0.49μm；当进给速度从 55mm/min 增加到 75mm/min 时，表面粗糙度从 0.49μm 小幅下降到 0.46μm。据此可以提出表面粗糙度关于进给速度的一元模型，该模型以截断的正弦函数为基础，由于数值的幅值有下降趋势，所以在正弦函数前乘上幂函数项加以修正。通过最小二乘拟合，解得模型如式(7.17)所示。其相关系数为 0.9938，表明模型具有较高精度。

$$R_a=0.163f^{-0.2816}\sin(0.1086f+1.095)+0.4548 \qquad (7.17)$$

7.3.3　磨削深度与表面粗糙度

如图 7.10 所示，随磨削深度的增加，表面粗糙度在(0.2,0.7)范围内波动。当磨削深度从 0.05mm 增加到 0.07mm 时，表面粗糙度从 0.50μm 上升到 0.56μm；当磨削深度从 0.07mm 增加到 0.145mm 时，表面粗糙度从 0.56μm 大幅下降到 0.21μm；当磨削深度从 0.145mm 增加到 0.21mm 时，表面粗糙度从 0.21μm 大幅上升到 0.67μm；当磨削深度从 0.21mm 增加到 0.28mm 时，表面粗糙度从 0.67μm 下降到 0.32μm；当磨削深度从 0.28mm 增加到 0.3mm 时，表面粗糙度从

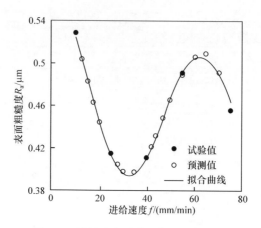

图 7.9　进给速度对表面粗糙度的影响

$0.32\mu m$ 上升到 $0.37\mu m$。据此可以提出表面粗糙度关于磨削深度的一元模型,该模型以截断的二次正弦函数为基础,由于数值中间幅值大,两边幅值小,所以在正弦函数前乘上二次项加以修正;由于数据幅值两边不完全对称,所以乘上幂函数项加以修正。通过最小二乘拟合,解得模型如式(7.18)所示。其相关系数为 0.9975,表明模型具有较高的精度。

$$R_a = -2.727 a_g^{1.282}(-0.05513 a_g^2 - 5.735 a_g + 1.832)\sin(43.5 a_g - 17.1) + 0.4302$$

$$(7.18)$$

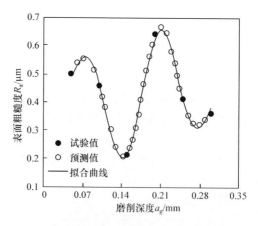

图 7.10　磨削深度对表面粗糙度的影响

7.3.4　砂轮倾斜角与表面粗糙度

如图 7.11 所示,随着砂轮倾斜角增加,表面粗糙度也增加。当倾斜角从 $-1°$ 增加到 $1°$ 时,表面粗糙度从 $0.15\mu m$ 上升到 $0.39\mu m$,且上升趋势先急后缓。据此可以提出表面粗糙度关于倾斜角的一元模型,该模型以欧拉数 e 为底的指数函数为基础。通过最小二乘拟合,解得模型如式(7.19)所示。其相关系数为 0.9778,表明模型具有较高的精度。

$$R_a = -0.2169e^{-0.5406\alpha} + 0.5102 \tag{7.19}$$

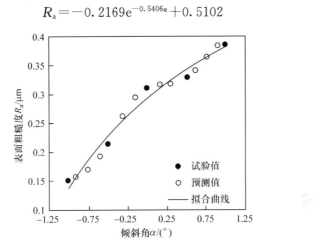

图 7.11　倾斜角对表面粗糙度的影响

7.3.5　砂轮偏转角与表面粗糙度

如图 7.12 所示,随偏转角的增大,表面粗糙度总体呈减小趋势。当偏转角从 $-1°$ 增大到 $1.5°$ 时,表面粗糙度从 $0.63\mu m$ 减小到 $0.41\mu m$;当偏转角从 $1.5°$ 增大到 $3°$ 时,表面粗糙度从 $0.41\mu m$ 小幅上升到 $0.44\mu m$;当偏转角从 $3°$ 增大到 $5°$ 时,表面粗糙度从 $0.44\mu m$ 减小到 $0.34\mu m$。据此可以提出表面粗糙度关于砂轮速度的一元模型,该模型以二次函数为基础,由于数值具有不对称性,在正弦函数前乘上

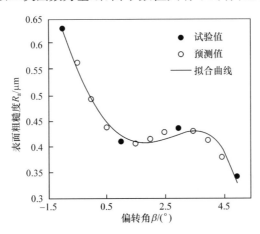

图 7.12　偏转角对表面粗糙度的影响

以欧拉数 e 为底的指数函数项加以修正,通过最小二乘拟合,解得模型如式(7.20)所示。其相关系数为 0.9828,表明模型具有较高的精度。

$$R_a = 2.912 e^{0.1763\beta}(-0.03101\beta^2 + 0.5183\beta - 3.14) + 9.638 \tag{7.20}$$

7.4　基于 PSO 算法的表面粗糙度多元模型优化与检验

7.4.1　模型假设

基于单因素数值拟合结果(式(7.16)~式(7.20)),整合得到氟金云母表面粗糙度关于工艺参数的多元模型,如下所示:

$$R_a(v_s, f, a_g, \alpha, \beta) = \overbrace{n_1 \times a_g^{n_2} \times f^{n_3}}^{\text{第一项}} \times \overbrace{(n_4(v_s a_g \beta)^2 + n_5 v_s a_g \beta + n_6)}^{\text{第二项}}$$
$$\times \underbrace{\sin(n_7 v_s a_g f + n_8)}_{\text{第三项}} + \underbrace{e^{n_9 \alpha + n_{10}\beta} + n_{11}}_{\text{第四项}} \tag{7.21}$$

式中:$n_1 \sim n_{11}$——常数,其具体数值由氟金云母和刀具的材料属性共同决定。

7.4.2　模型求解

为求解多元复合模型(式(7.21)),本节设计了如表 7.1 所示的正交试验(A——v_s(m/s),B——f(mm/min),C——a_g(mm),D——α(°),E——β(°)),正交试验结果如表 7.2 所示。

表 7.1　正交试验因素水平表

水平	因素				
	A	B	C	D	E
1	29.5	15	0.05	−0.3	−1.0
2	40	40	0.14	0.3	−2.5
3	51	65	0.23	0.9	−4.0
4	62.5	90	0.32	1.2	−5.5

表 7.2　正交试验结果

组号	1	2	3	4	5	6	7	8
$R_a/\mu m$	0.448	0.274	0.325	0.355	0.516	0.301	0.403	0.721

组号	9	10	11	12	13	14	15	16
$R_a/\mu m$	0.422	0.354	0.282	0.476	0.246	0.327	0.218	0.491

基于正交试验结果,利用 PSO 算法对多元模型进行优化求解。求解过程中以多元模型计算值与试验值的方差最小作为粒子适应度准则,如下所示:

$$\text{Fit} = \min\left\{\sum_{i=1}^{n}(A-A_t)^2\right\} \tag{7.22}$$

式中：A——多元模型计算值；

　　　A_t——正交试验值。

使用 PSO 算法对多元模型进行优化求解，最终求解得到表面硬度的多元模型为

$$R_a(v_s,f,a_g,\alpha,\beta) = 2.8378 a_g^{-0.0255} f^{-1.2411}(0.0014(v_s a_g \beta)^2 + 0.3665 v_s a_g \beta$$
$$+ 15.4433)\sin(4.8647 v_s a_g f + 15.1137) + \mathrm{e}^{-1.4174\alpha + 1.2765\beta} + 0.4036 \tag{7.23}$$

7.4.3　多元模型验证

将多元模型计算值与试验值对比，如图 7.13 所示。利用三组正交试验（第 1 ~3 组）对所求解模型进行检验，误差结果如表 7.3 所示。模型与试验值在定量分析上存在一定误差，但在定性分析上模型较好地反映了表面粗糙度的变化趋势，因此，式(7.23)所表达的模型具有一定的可信度。

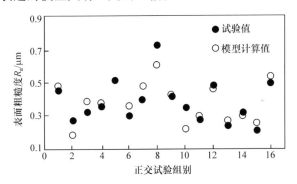

图 7.13　多元模型计算值与正交试验值对比

表 7.3　验证试验相对误差

试验序号	1	2	3
表面粗糙度相对误差/%	6.79	30.98	19.83

7.5　基于 PSO-BP 的氟金云母点磨削表面硬度数值拟合[3]

7.5.1　砂轮速度与表面硬度

如图 7.14 所示，随砂轮速度的增大，表面硬度是一个先减小后增大的过程。当砂轮速度从 29.5m/s 增大到 43m/s 时，表面硬度从 2.1545GPa 下降到

1.9131GPa；当砂轮速度从 45m/s 增大到 62.5m/s 时，表面硬度从 1.9151GPa 增大到 2.4859GPa；而当砂轮速度大于 57m/s 时，表面硬度上升趋势开始减缓。据此可以提出表面硬度关于砂轮速度的一元模型，该模型以截断的正弦函数为基础，由于数值的幅值具有不对称性，在正弦函数前乘上一次项 v_s 加以修正，一元模型为 $HV = av_s\sin(bv_s + c) + d$，通过最小二乘拟合，解得模型如式（7.24）所示。其相关系数为 0.9935，表明模型具有较高的精度。

$$HV = -0.005615v_s\sin(0.13v_s - 3.929) + 2.165 \tag{7.24}$$

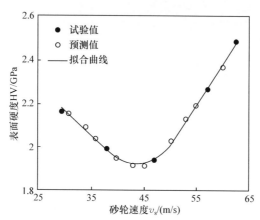

图 7.14　砂轮速度对表面硬度的影响

7.5.2　进给速度与表面硬度

如图 7.15 所示，随进给速度的增加，表面硬度总体是一个先减小后增大的过程，中间有小幅凸起。当进给速度从 10mm/min 增大到 25mm/min 时，表面硬度从 2.4536GPa 下降到 2.0855GPa；当进给速度从 25mm/min 增大到 40mm/min 时，表面硬度从 2.0855GPa 小幅上升到 2.2055GPa；当进给速度从 40mm/min 增大到 60mm/min 时，表面硬度从 2.2055GPa 小幅下降到 1.8982GPa；当进给速度从 60mm/min 增大到 75mm/min 时，表面硬度从 1.8982GPa 上升到 2.3548GPa。据此可以提出表面硬度关于进给速度的一元模型，该模型以截断的正弦函数为基础，由于中间数值的小幅凸起，在正弦函数前乘上二次项加以修正。通过最小二乘拟合，解得模型如式（7.25）所示。其相关系数为 0.9992，表明模型具有较高的精度。

$$HV = 0.3305(0.000245f^2 - 0.05624f + 1.619)\sin(0.1171f + 1.094) + 2.174 \tag{7.25}$$

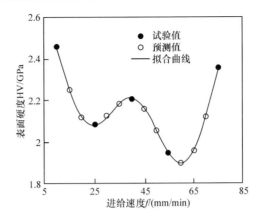

图 7.15　进给速度对表面硬度的影响

7.5.3　磨削深度与表面硬度

如图 7.16 所示,随磨削深度的增加,表面硬度总体呈下降趋势。当磨削深度从 0.05mm 增加到 0.175mm 时,表面硬度从 2.3691GPa 下降到 2.2025GPa;当磨削深度从 0.175mm 增加到 0.25mm 时,表面硬度从 2.2025GPa 上升到 2.3696GPa;当磨削深度从 0.25mm 增加到 0.3mm 时,表面硬度从 2.3696GPa 下降到 2.0185GPa。据此可以提出表面硬度关于磨削深度的一元模型,该模型以截断的二次正弦函数为基础,由于中间数值的下凹,在正弦函数前乘上二次项加以修正,通过最小二乘拟合,解得模型如式(7.26)所示。其相关系数为 0.9941,表明模型具有较高的精度。

$$HV = -5.963(5.682a_g^2 - 1.979a_g + 0.1454)\sin(21.3a_g^2 + 9.965a_g - 3.709) + 2.368$$

$$(7.26)$$

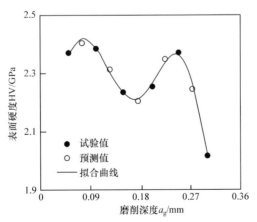

图 7.16　磨削深度对表面硬度的影响

7.5.4　砂轮倾斜角与表面硬度

如图 7.17 所示,当倾斜角从 $-1°$ 增加到 $-0.6°$ 时,表面硬度从 2.4342GPa 下降到 2.2183GPa;当倾斜角从 $-0.6°$ 增加到 $-0.2°$ 时,表面硬度从 2.2183GPa 上升到 2.3228GPa;当倾斜角从 $-0.2°$ 增加到 $0.5°$ 时,表面硬度从 2.3228GPa 下降到 2.1311GPa;当倾斜角从 $0.5°$ 增加到 $1°$ 时,表面硬度从 2.1311GPa 上升到 2.2807GPa。据此可以提出表面硬度关于倾斜角的一元模型,该模型以截断的二次正弦函数为基础,由于数值的幅值逐渐减小,在正弦函数前乘上衰减指数项加以修正,且由于中间数值的不对称性,乘以二次项加以修正。通过最小二乘拟合,解得模型如式(7.27)所示。其相关系数为 0.9961,表明模型具有较高的精度。

$$HV=0.3258e^{-2.882\alpha}(\alpha+0.6187)^2\sin[1.142(\alpha+1.48)^2-6.292]+2.222$$

$$(7.27)$$

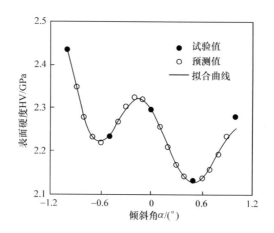

图 7.17　倾斜角对表面硬度的影响

7.5.5　砂轮偏转角与表面硬度

如图 7.18 所示,随偏转角的增加,表面硬度是一个先减小后增大的过程。当偏转角从 $-1°$ 增加到 $3°$ 时,表面硬度从 2.6531GPa 下降到 2.0074GPa;当偏转角从 $3°$ 增加到 $5°$ 时,表面硬度从 2.0074GPa 上升到 2.4289GPa。据此可以提出表面硬度关于砂轮速度的一元模型,该模型以二次函数为基础,由于数值具有不对称性,在正弦函数前乘上指数项加以修正,通过最小二乘拟合,解得模型如式(7.28)所示。其相关系数为 0.999,表明模型具有较高的精度。

$$HV=(-0.02865\times\beta^2+0.4011\times\beta-1.457)\times e^{0.4296\times\beta}+3.872 \quad (7.28)$$

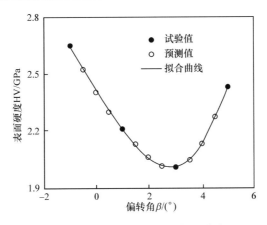

图 7.18　偏转角对表面硬度的影响

7.6　基于 PSO 算法的表面硬度多元模型优化与检验

7.6.1　模型假设

基于单因素数值拟合结果(式(7.24)～式(7.28)),提出氟金云母表面硬度关于工艺参数的多元模型,如下所示:

$$\text{HV}(v_\text{s},f,a_\text{g},\alpha,\beta) = \overbrace{m_1 \times \text{e}^{m_2 \alpha \beta}}^{\text{第一项}} \times \overbrace{\sin[m_3 (a_\text{g}\alpha)^2 + m_4 (v_\text{s}a_\text{g}f\alpha) + m_5]}^{\text{第二项}}$$

$$\times \underbrace{v_\text{s} \times (\alpha + m_6)^2 \times (m_7 (a_\text{g}f\beta)^2 + m_8 (a_\text{g}f\beta) + m_9)}_{\text{第三项}} + \overbrace{m_{10}}^{\text{第四项}}$$

$$\tag{7.29}$$

式中:$m_1 \sim m_{10}$——常数,其具体数值由氟金云母和刀具的材料属性共同决定。

7.6.2　模型求解

为求解假设模型式(7.29)的最优解,在单因素试验的基础上设计了正交试验。如表 7.4 所示,A——v_s(m/s),B——f(mm/min),C——a_g(mm),D——α(°),E——β(°)[4]。正交试验结果如表 7.5 所示。

表 7.4　正交试验因素水平表

水平	因素				
	A	B	C	D	E
1	29.5	15	0.05	−0.3	−1.0
2	40	40	0.14	0.3	−2.5
3	51	65	0.23	0.9	−4.0
4	62.5	90	0.32	1.2	−5.5

表7.5 正交试验结果

序号	1	2	3	4	5	6	7	8
HV/GPa	2.8693	2.9206	3.0115	3.01525	3.1015	2.7636	2.5665	2.9016
序号	9	10	11	12	13	14	15	16
HV/GPa	2.8243	2.7819	2.4600	2.7290	2.4560	3.0690	2.7249	2.7611

基于正交试验结果,利用 PSO 算法对多元模型进行优化求解。求解过程中以多元模型计算值与试验值的方差最小作为粒子适应度准则,如式(7.30)所示:

$$\text{Fit} = \min\left\{\sum_{i=1}^{n}(A-A_{\text{t}})^2\right\} \tag{7.30}$$

式中:A——多元模型计算值;

A_{t}——正交试验值。

使用 PSO 算法对多元模型进行优化求解,最终求解得到表面硬度的多元模型为

$$\begin{aligned}
\text{HV}(v_{\text{s}},f,a_{\text{g}},\alpha,\beta) = &-0.0078\text{e}^{0.7214\alpha\beta}v_{\text{s}}(\alpha+0.3831)^2[0.0101(a_{\text{g}}f\beta)^2\\
&-0.0040(a_{\text{g}}f\beta)+1.0461]\sin[4.9982(a_{\text{g}}\alpha)^2\\
&-0.0368(v_{\text{s}}a_{\text{g}}f\alpha)+2.2031]+2.7881
\end{aligned} \tag{7.31}$$

7.6.3 多元模型验证

多元模型计算值与试验值对比如图 7.19 所示。设计三个验证试验对多元模型进行检验,计算得到试验值与验证模型的相对误差在 5% 以内,结果表明模型具有较高的精度,如表 7.6 所示。

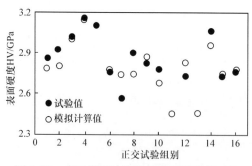

图 7.19 多元模型计算值与正交试验值对比

表7.6 验证试验相对误差

试验序号	1	2	3
表面硬度相对误差/%	2.83	4.28	0.08

7.7　基于 PSO 算法的双目标优化[5]

在实际生产加工过程中,工艺参数对表面质量的影响是复杂的,在尽可能提高表面硬度的同时,需尽可能降低表面粗糙度。基于表面硬度和表面粗糙度的多元模型,结合实际加工条件,建立双目标优化模型如下:

$$
\left\{
\begin{array}{l}
F_1 = \max\{HV(v_s, f, a_g, \alpha, \beta)\} \\
F_2 = \min\{R_a(v_s, f, a_g, \alpha, \beta)\} \\
\text{s. t. } v_s = 29.5 \sim 62.5 \text{m/s} \\
\quad f = 10 \sim 90 \text{mm/r} \\
\quad a_g = 0.05 \sim 0.32 \text{mm} \\
\quad \alpha = -1° \sim 1.2° \\
\quad \beta = -5.5° \sim 5°
\end{array}
\right.
\tag{7.32}
$$

通过 PSO 算法对双目标优化模型进行求解。为了使表面硬度和表面粗糙度值对优化结果的影响权重接近一致,把 HV 的倒数项乘以常系数 5,得到算法的适应度函数:

$$
\text{Fit}' = R_a + 5 \times \frac{1}{HV}
\tag{7.33}
$$

最终求解得到最优工艺参数为 $v_s = 47.85 \text{m/s}, f = 40.46 \text{mm/r}, a_g = 0.30 \text{mm},$ $\alpha = 1.16°, \beta = 0.79°$,此时对应的表面硬度为 4.37GPa,表面粗糙度为 0.12μm。解的适应度进化曲线如图 7.20 所示。

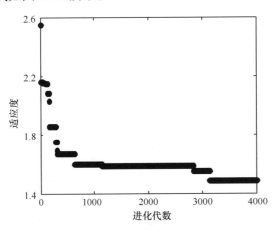

图 7.20　适应度进化过程图

7.8　本　章　结　论

本章结合氟金云母点磨削单因素试验数据,研究了表面粗糙度与砂轮速度、进给速度、磨削深度、砂轮倾斜角、砂轮偏转角之间的关系,提出了模型假设。基于单因素试验值和粒子群算法(PSO)改进的 BP 神经网络,利用最小二乘拟合,建立了氟金云母点磨削表面粗糙度关于各工艺参数的一元模型,并计算了模型的决定系数以检验模型的可信度,其结果表明单因素数值模型具有较高的可信度。在一元模型的基础上,提出了点磨削表面粗糙度的多元复合模型假设,基于 PSO 算法对多元模型进行优化求解,通过正交试验验证了模型的精度,其结果表明基于 PSO 的多元模型具有较高的预测精度。

通过氟金云母陶瓷点磨削的单因素试验,研究了表面硬度与砂轮速度、进给速度、磨削深度、砂轮倾斜角、砂轮偏转角之间的关系,提出了模型假设。基于单因素试验值和粒子群算法(PSO)改进的 BP 神经网络,利用最小二乘拟合,建立了氟金云母点磨削表面硬度关于各工艺参数的一元模型,并计算了模型的决定系数以检验模型的可信度,其结果表明单因素数值模型具有较高的可信度。在一元模型的基础上,提出了点磨削表面硬度的多元模型假设,基于 PSO 算法对多元模型进行优化求解,通过正交试验验证了模型的精度,其结果表明基于 PSO 的多元模型具有较高的预测精度。

基于建立的表面硬度和表面粗糙度的多元模型,结合点磨削实际加工工艺参数范围,建立双目标优化模型,利用 PSO 算法进行求解,获得了一组优化后的工艺参数取值。

参 考 文 献

[1] 马廉洁,巩亚东,于爱兵,等.基于 BP 和 GA 的微晶玻璃点磨削表面硬度数值拟合[J].东北大学学报(自然科学版),2016,37(2):213～217.

[2] 马廉洁,曹小兵,巩亚东,等.基于遗传算法与 BP 神经网络的微晶玻璃点磨削工艺参数优化[J].中国机械工程,2015,26(1):102～106.

[3] 马廉洁,陈杰,单泉,等.点磨削氟金云母复合智能算法表面硬度模型[J].机械设计与制造,2016(1):133～136.

[4] 马廉洁,曹小兵,陈小辉,等.基于 GA 与 RBF 神经网络的工程陶瓷点磨削表面硬度数值模拟[J].组合机床与自动化加工技术,2015,(1):30～33.

[5] 马廉洁,陈杰,巩亚东,等.基于 PSO 算法改进 BP 神经网络的氟金云母点磨削工艺参数优化[J].中国机械工程,2016,27(6):761～766.